职业技术教育课程改革规划教材
光电技术应用技能训练系列教材

激光切割机装调知识与技能训练

JIGUANG QIEGEJI ZHUANGTIAO ZHISHI YU JINENG XUNLIAN

主　编　王　玮　王志伟
副主编　谭　威　付春花　王海明　郭军利
参　编　林晓聪　周　凯　王玉珠　刘海涛
主　审　唐霞辉

U0370121

华中科技大学出版社
http://www.hustp.com
中国·武汉

内容简介

本书在讲述激光技术基本理论和测试方法的基础上,通过完成具体的技能训练项目来实现掌握激光切割机整机安装调试和维护维修基础理论知识和职业岗位专业技能的教学目标,每个技能训练项目由一个或几个不同的训练任务组成,主要包括激光切割机机械运动系统装调技能训练、激光切割机主要器件连接技能训练、激光切割机 X-Y 飞行光路系统装调技能训练、激光切割机整机装调技能训练。

本书可作为大专院校、职业技术院校光电类专业的激光加工设备制造调试类理论知识和技能训练一体化课程教材,也可作为激光行业企业员工的培训教材。

图书在版编目(CIP)数据

激光切割机装调知识与技能训练/王玮,王志伟主编. —武汉:华中科技大学出版社,2018.8(2022.7 重印)
职业技术教育课程改革规划教材.光电技术应用技能训练系列教材
ISBN 978-7-5680-4529-2

Ⅰ.①激… Ⅱ.①王… ②王… Ⅲ.①激光切割-切割设备-安装-职业教育-教材 ②激光切割-切割设备-调试方法-职业教育-教材 Ⅳ.①TG485

中国版本图书馆 CIP 数据核字(2018)第 193768 号

激光切割机装调知识与技能训练　　　　　　　　　　　王　玮　　王志伟　主编
Jiguang Qiegeji Zhuangtiao Zhishi yu Jineng Xunlian

策划编辑:王红梅
责任编辑:余　涛
封面设计:秦　茹
责任校对:刘　竣
责任监印:周治超
出版发行:华中科技大学出版社(中国·武汉)　　　电话:(027)81321913
　　　　　武汉市东湖新技术开发区华工科技园　　　邮编:430223
录　　排:武汉市洪山区佳年华文印部
印　　刷:武汉科源印刷设计有限公司
开　　本:787mm×1092mm　1/16
印　　张:12.25
字　　数:295 千字
版　　次:2022 年 7 月第 1 版第 2 次印刷
定　　价:32.80 元

职业技术教育课程改革规划教材——光电技术应用技能训练系列教材

编审委员会

主　任：王又良（中国光学学会激光加工专业委员会主任）

副主任：朱　晓（华中科技大学激光加工国家工程中心主任，教授，博导；
　　　　　　　　湖北省暨武汉激光学会理事长；武汉中国光谷激光行业协会会长）

　　　　张庆茂（中国光学学会激光加工专业委员会副主任，华南师范大学信息光电子
　　　　　　　　科技学院院长）

委　员：唐霞辉（华中科技大学激光加工国家工程中心副主任，教授；
　　　　　　　　中国光学学会激光加工专业委员会副秘书长）

　　　　吕启涛（大族激光科技产业集团股份有限公司首席技术官，博士；
　　　　　　　　中组部千人计划入选者）

　　　　牛增强（深圳市联赢激光股份有限公司首席技术官，博士）

　　　　杨永强（华南理工大学机械与汽车工程学院教授）

　　　　王中林（武汉软件工程职业学院机械学院院长，教授；
　　　　　　　　中国光学学会激光加工专业委员会职业教育工作小组副组长）

　　　　熊政军（中南民族大学激光和智能制造研究院院长，教授）

　　　　陈一峰（武汉船舶职业技术学院光电制造与应用技术专业负责人，教授）

　　　　陈毕双（深圳技师学院，激光技术应用教研室主任，高级讲师）

　　　　胡　峰（武汉仪表电子学校信息技术专业部主任，高级讲师；
　　　　　　　　中组部万人计划入选者）

　　　　刘善琨（湖北省激光行业协会秘书长）

　　　　侯若洪（广东省激光行业协会会长；深圳光韵达光电科技股份有限公司
　　　　　　　　总经理）

　　　　陈　焱（深圳市激光智能制造行业协会会长；大族激光智能装备集团总经理）

　　　　闵大勇（苏州长光华芯光电技术有限公司董事长）

　　　　赵裕兴（苏州德龙激光股份有限公司董事长）

　　　　王小兴（深圳镭霆激光科技有限公司董事长，总经理　）

　　　　王　瑾（大族激光科技产业集团股份有限公司精密焊接事业部总经理）

　　　　王志伟（深圳市铭镭激光设备有限公司总经理）

　　　　董　彪（武汉天之逸科技有限公司董事长）

序　言

  激光及光电技术在国民经济的各个领域的应用越来越广泛,中国激光及光电产业在近十年得到了飞速发展,成为我国高新技术产业发展的典范。2017年,激光及光电行业从业人数超过10万人,其中绝大部分员工从事激光及光电设备制造、使用、维修及服务等岗位的工作,需要掌握光学、机械、电气、控制等多方面的专业知识,需要具备综合、熟练的专业技术技能。但是,激光及光电产业技术技能型人才培养的规模和速度与人才市场的需求相去甚远,这个问题引起了教育界,尤其是职业教育界的广泛关注。为此,中国光学学会激光加工专业委员会在2017年7月28日成立了中国光学学会激光加工专业委员会职业教育工作小组,希望通过这样一个平台将激光及光电行业的企业与职业院校紧密对接,为我国激光和光电产业技术技能型人才的培养提供重要的支撑。

  我高兴地看到,职业教育工作小组成立以后,各成员单位围绕服务激光及光电产业对技术技能型人才培养的要求,加大教学改革力度,在总结、整理普通理实一体化教学的基础上,开始构建以激光及光电产业职业活动为导向、以校企合作为基础、以综合职业能力培养为核心,将理论教学与技能操作融会贯通的一体化课程体系,新的教学体系有效提高了技术技能型人才培养的质量。华中科技大学出版社组织国内开设激光及光电专业的职业院校的专家、学者,与国内知名激光及光电企业的技术专家合作,共同编写了这套职业技术教育课程改革规划教材——光电技术应用技能训练系列教材,为构建这种一体化课程体系提供了一个很好的典型案例。

  我还高兴地看到,这套教材的编者,既有职业教育阅历丰富的职业院校老师,还有很多来自激光和光电行业龙头企业的技术专家及一线工程师,他们把自己丰富的行业经历融入这套教材里,使教材能更准确体现"以职业能力为培养目标,以具体工作任务为学习载体,按照工作过程和学习者自主学习要求设计和安排教学活动、学习活动"的一体化教学理念。所以,这套打着激光和光电行业龙头企业烙印的教材,首先呈现了结构清晰完整的实际工作过程,系统地介绍了工作过程相关知识,具体解决了做什么、怎么做的工作问题,同时又基于学生的学习过程设计了体系化的学习规范,具体解决学什么、怎么学、为什么这么做、如何做得更好的问题。

  一体化课程体现了理论教学和实践教学融通合一、专业学习和工作实践学做合一、能力培养和工作岗位对接合一的特征,是职业教育专业和课程改革的亮点,也是一个十分辛苦的工作,我代表中国光学学会激光加工专业委员会对这套教材的出版表示衷心祝贺,希望写出更多的此类教材,全方位满足激光及光电产业对技术技能型人才的要求,同时也希望本套丛书的编者们悉心总结教材编写经验,争取使之成为广受读者欢迎的精品教材。

中国光学学会激光加工专业委员会主任

二〇一八年七月二十八日

前　　言

自从 1960 年世界上第一台激光器诞生以来,激光技术不仅应用于科学技术研究的各个前沿领域,而且已经在工业、农业、军事、天文和日常生活中都得到了广泛应用,初步形成了较为完善的激光技术应用产业链条。

激光技术应用产业是利用激光技术为核心生成各类零件、组件、设备以及各类激光应用市场的总和,其上游主要为激光材料及元器件制造产业,中游为各类激光器及其配套设备制造产业,下游为各类激光设备制造和激光设备应用产业。其中,激光技术应用中、下游产业需求员工最多,要求最广,主要就业岗位体现在激光设备制造、使用、维修及服务全过程,需要从业者掌握光学、机械、电气、控制等多方面的专业知识,具备综合熟练的专业技能。

为满足激光技术应用产业对员工的需求,国内各职业院校相继开办了光电子技术、激光加工技术、特种加工技术、激光技术应用等新兴专业来培养掌握激光技术的技能型人才。由于受我国高等教育主要按学科分类进行教学的惯性影响,激光技术应用产业链条中需要的知识和技能训练分散在各门学科的教学之中,专业课程建设和教材建设远远不能适合激光技术应用产业的职业岗位要求。

有鉴于此,国内部分开设了激光技术专业和课程的职业院校与国内一流激光设备制造和应用企业紧密合作,以企业真实工作任务和工作过程(即资讯—决策—计划—实施—检验—评价六个步骤)为导向,兼顾专业课程的教学过程组织要求进行了一体化专业课程改革,开发了专业核心课程,编写了专业系列教材并进行了教学实施。校企双方一致认为,现阶段激光技术应用专业应该根据办学条件开设激光设备安装调试和激光加工两大类核心课程,并通过一体化专业课程学习专业知识、掌握专业技能,为满足将来的职业岗位需求打下基础。

本书就是上述激光设备安装调试类核心课程中的一体化课程教材之一,具体来说就是以小型 X-Y 飞行光路激光切割机整机安装调试过程为学习载体,使学生了解切割机常用激光器工作原理,学会连接小型 X-Y 飞行光路激光切割机主要元器件、安装调试小型 X-Y 飞行光路激光切割机光路系统主要部件和切割机整机,学会进行切割机的日常维护和排除常见故障,使学生掌握 X-Y 飞行光路中小型激光设备在安装调试过程中的基本知识和基本技能。

本教材主要通过在讲述知识的基础上完成技能训练项目任务来实现教学目标,每个技能训练项目由一个或几个不同的训练任务组成,主要有以下四个技能训练项目。

项目一:激光切割机机械运动系统装调技能训练。

项目二:激光切割机主要器件连接技能训练。

项目三:激光切割机 X-Y 飞行光路系统装调技能训练。

项目四:激光切割机整机装调技能训练。

由于以真实技能训练项目代替了大部分纯理论推导过程,本书特别适合作为职业院校激光技术应用相关专业的一体化课程教材,也可作为激光焊接机生产制造企业和用户的员工培训教材,同时适合作为激光设备制造和激光设备应用领域的相关工程技术人员自学教材。

本书各章节的内容由主编和副主编集体讨论形成,第 1 章、第 2 章由深圳技师学院王玮执笔编写,第 3 章第 1、2、3 节由深圳市铭镭激光设备有限公司王志伟执笔编写,第 3 章第 4 节由临川现代教育学校王海明执笔编写,第 3 章第 5 节、第 4 章、第 5 章第 1、3 节由深圳技师学院谭威执笔编写,第 5 章第 2、4 节由焦作技师学院郭军利执笔编写,附录由深圳市弗镭斯激光技术有限公司付春花执笔编写。中山汉通激光设备有限公司林晓聪、深圳市思博威激光科技有限公司周凯、武汉天之逸科技有限公司王玉珠和三河职教中心刘海涛提供了大量的原始资料及编写建议,深圳技师学院激光技术应用教研室的全体老师和许多同学参与了资料的收集整理工作,全书由王玮统稿。

中国光学学会激光加工专业委员会、广东省激光行业协会和深圳市激光智能制造行业协会的各位领导和专家学者一直关注这套技能训练教材的出版工作,华中科技大学出版社的领导和责任编辑们为此书的出版做了大量组织工作,在此一并深表感谢。

本书在编写过程中参阅了一些专业著作、文献和企业的设备说明书,谨向作者表示诚挚的谢意。

本书承蒙华中科技大学光电学院唐霞辉教授仔细审阅,提出了许多宝贵意见,在此一并深表感谢。

限于编者的水平和经验,本书还存在错误和不妥之处,希望广大读者批评指正。

编　者

2018 年 8 月

目　　录

1

激光制造设备基础知识

1.1 激 光 概 述

1.1.1 激光的产生

1. 光的产生

1）物质的组成

世界上能看到的任何宏观物质都是由原子、分子、离子等微观粒子构成。其中,分子是原子通过共价键结合形成的,离子是原子通过离子键结合形成的,所以归根结底,物质是由原子构成的,如图 1-1 所示。

2）原子的结构

原子是由居于原子中心的带正电的原子核和核外带负电的电子构成的,如图 1-2 所示。

根据量子理论,同一个原子内的电子在不连续的轨道上运动,并且可以在不同的轨道上运动,如同一辆车在高速公路上可以开得快,在市区里就开得慢一样。

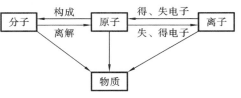

图 1-1　物质的组成

在图 1-3 所示的玻尔的原子模型中,电子分别可以有 $n=1$、$n=2$、$n=3$ 三条轨道,原子对应不同轨道有三个不同的能级。

当 $n=1$ 时,电子与原子核之间距离最小,原子处于低能级的稳定状态,又称为基态。

当 $n>1$ 时,电子与原子核之间距离变大,原子跃迁到高能级的非稳定状态,又称为激发态。

3）原子的发光

激发态的原子不会长时间停留在高能级上,它会自发地向低能级的基态跃迁,并释放出它的多余的能量。

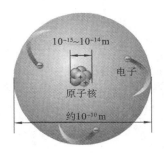

图 1-2　原子的结构

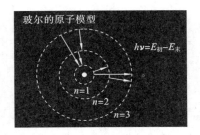

图 1-3　玻尔的原子模型

如果原子是以光子的形式释放能量,这种跃迁称为自发辐射跃迁,此时宏观上可以看到物质正在以特定频率发光,其频率由发生跃迁的两个能级的能量差决定:

$$\nu = (E_2 - E_1)/h \tag{1-1}$$

式中:h 为普朗克常数,6.626×10^{-34} J·s;ν 为光的频率,s^{-1}。

自发辐射跃迁是除激光以外其他光源的发光方式,它是随机跃迁过程,发出的光在相位、偏振态和传播方向上都彼此无关。

由此可以看出,物质发光的本质是物质的原子、分子或离子处于较高的激发状态时,从较高能级向低能级跃迁,并自发地把过多的能量以光子的形式发射出来的结果,如图 1-4 所示。

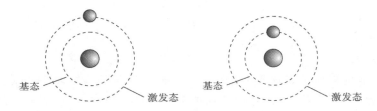

图 1-4　物质发光的本质

2. 光的特性

1)波粒二象性

光是频率极高的电磁波,具有物理概念中波和粒子的一般特性,简称具有波粒二象性。光的波动性和粒子性是光的本性在不同条件下表现出来的两个侧面。

(1)电磁波谱:把电磁波按波长或频率的次序排列成谱,称为电磁波谱,如图 1-5 所示。

(2)可见光谱:可见光是一种能引起视觉的电磁波,其波长范围为 $380 \sim 780$ nm,频率范围为 $3.9 \times 10^{14} \sim 7.5 \times 10^{14}$ Hz。

(3)光在不同介质中传播时,频率不变,光从真空进入介质后,波长和传播速度变小。

$$u = \frac{c}{n}, \quad \lambda = \frac{\lambda_0}{n} \tag{1-2}$$

式中:u 为光在不同介质中的传播速度;c 为光在真空中的传播速度;λ 为光在不同介质中的波长;λ_0 为光在真空中的波长;n 为光在不同介质中的折射率。

2)光的波动性体现

光在传播过程中主要表现出光的波动性,我们可以通过光的直线传播定律、反射定律、

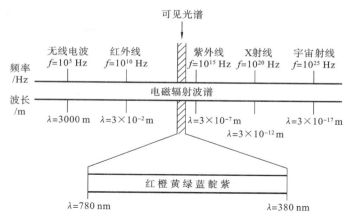

图 1-5　电磁波谱示意图

折射定律、独立传播定律、光路可逆原理等证明光在传播过程中表现出波动性。

光在低频或长波区波动性比较显著,利用电磁振荡耦合检测方法可以得到输入信号的振幅和相位。

3) 光的粒子性体现

光在与物质相互作用过程中主要表现出光的粒子性。

光的粒子性就是说光是以光速运动着的粒子(光子)流,一束频率为 ν 的光由能量相同的光子所组成,每个光子的能量为

$$E=h\nu \tag{1-3}$$

式中:h 为普朗克常数,6.626×10^{-34} J·s;ν 为光的频率,s^{-1}。

由此可知,光的频率愈高(即波长愈短),光子的能量愈大。

光在高频或短波区表现出极强的粒子性,利用它与其他物质的相互作用可以得到粒子流的强度,而无需相位关系。

3. 激光的产生

1) 受激辐射发光——激光产生的先决条件

处在高能级 E_2 上的粒子,由于受到能量为 $h\nu=E_2-E_1$ 的外来光子的诱发而跃迁到低能级 E_1,并发射出一个频率为 $\nu=(E_2-E_1)/h$ 的光子的跃迁过程称为受激辐射过程,如图1-6(a)所示。

图 1-6　受激辐射与受激吸收过程

受激辐射过程发出的光子与入射光子的频率、相位、偏振方向以及传播方向均相同且有两倍同样的光子发出,光被放大了一倍,它是激光产生的先决条件。

受激辐射存在逆过程——受激吸收过程,如图 1-6(b)所示。受激辐射的过程是复制产生光子,受激吸收的过程是吸收消耗光子,激光产生的实际过程要看哪种作用更强。

2) 粒子数反转分布——激光产生的必要条件

(1) 玻耳兹曼定律:热平衡状态下,大量原子组成的系统粒子数的分布服从玻耳兹曼定律,处于低能级的粒子数多于高能级的粒子数,如图 1-7(a)所示,此时受激辐射<受激吸收。为了使受激辐射占优势从而产生光放大,就必须使高能级上的粒子数密度大于低能级上的粒子数密度,即 $N_2 > N_1$,称为粒子数反转分布,如图 1-7(b)所示。

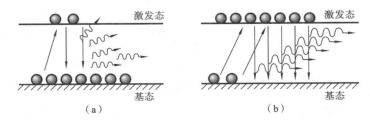

图 1-7　玻耳兹曼定律与粒子数反转状态

实现粒子数反转是激光产生的必要条件。

(2) 实现粒子数反转分布:在激光器的实际结构上,通过改变激光工作物质的内部结构和外部工作条件这样两个途径来实现持续的粒子数反转分布。

① 给激光工作物质注入外加能量:如果给激光工作物质注入外加能量,打破工作物质的热平衡状态,持续地把工作物质的活性粒子从基态能级激发到高能级,就可能在某两个能级之间实现粒子数反转,如图 1-8 所示。

图 1-8　粒子数反转的外部条件

注入外加能量的方法在激光的产生过程中称为激励,也称为泵浦。常见的激励方式有光激励、电激励、化学激励等。

光激励通常是用灯(脉冲氙灯、连续氪灯、碘钨灯等)或激光器作为泵浦光源照射激光工作物质,这种激励方式主要为固体激发器所采用,如图 1-9 所示。

电激励是采用气体放电方法使具有一定动能的自由电子与气体粒子相碰撞,把气体粒子激发到高能级,这种激励方式主要为气体激光器所采用,如图 1-10 所示。

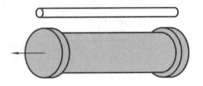

图 1-9　光激励示意图　　　　　　图 1-10　电激励示意图

化学激励则是通过化学反应产生一种处于激发态的原子或分子,这种激励方式主要为化学激光器所采用。

② 改善激光工作物质的能级结构：在实际应用中能够实现粒子数反转的工作物质主要有三能级系统和四能级系统两类。

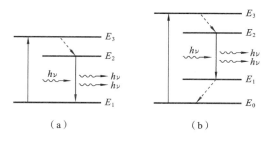

三能级系统如图 1-11（a）所示，粒子从基态 E_1 首先被激发到能级 E_3，粒子在能级 E_3 上是不稳定的，其寿命很短（约 10^{-8} s），很快地通过无辐射跃迁到达能级 E_2 上。能级 E_2 是亚稳态，粒子在 E_2 上的寿命较长（$10^{-3} \sim$ 1 s），因而在 E_2 上可以积聚足够多的粒子，这样就可以在亚稳态和基态之间实现粒子数反转。

图 1-11   三能级系统和四能级系统

此时若有频率为 $\nu = (E_2 - E_1)/h$ 的外来光子的激励，将诱发 E_2 上粒子的受激辐射，并使同样频率的光得到放大。红宝石就是具有这种三能级系统的典型工作物质。

三能级系统中，由于激光的下能级是基态，为了达到粒子数反转，必须把半数以上的基态粒子泵浦到上能级，因此要求很高的泵浦功率。

四能级系统如图 1-11（b）所示，它与三能级系统的区别是在亚稳态 E_2 与基态 E_0 之间还有一个高于基态的能级 E_1。由于能级 E_1 基本上是空的，这样 E_2 与 E_1 之间就比较容易实现粒子数反转，所以四能级系统的效率一般比三能级系统的高。

以钕离子为工作粒子的固体物质，如钕玻璃、掺钕钇铝石榴石晶体以及大多数气体激光工作物质都具有这种四能级系统的能级结构。

三能级系统和四能级系统的能级结构的特点是都有一个亚稳态能级，这是工作物质实现粒子数反转必需的条件。

3）光学谐振腔——激光持续产生的源泉

（1）谐振腔功能：虽然工作物质实现了粒子数反转就可以产生相同频率、相位和偏振的光子，但此时光子的数目很少且传播方向不一。

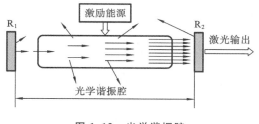

图 1-12   光学谐振腔

如果在工作物质两端面加上一对反射镜，或在两端面镀上反射膜，使光子来回通过工作物质，光子的数目就会像滚雪球似的越滚越多，形成一束很强且持续的激光输出。

把由两个或两个以上光学反射镜组成的器件称为光学谐振腔，如图 1-12 所示。

（2）谐振腔结构：两块反射镜置于激光工作物质两端，反射镜之间的距离为腔长。其中反射镜 R_1 的反射率接近 100%，称为全反射镜，也称为高反镜；反射镜 R_2 部分反射激光，称为部分反射镜，也称为低反镜（半反镜）。

全反射镜和部分反射镜不断引起激光器谐振腔内的受激振荡，并允许激光从部分反射镜一端输出，故部分反射镜又称激光器窗口。

在谐振腔内，只有沿轴线附近传播的光才能被来回反射形成激光，而离轴光束经几次来回反射就会从反射镜边缘逸出谐振腔,所以激光光束具有很好的方向性。

4)阈值条件——激光输出对器件的总要求

有了稳定的光学谐振腔和能实现粒子数反转的工作物质,还不一定能产生激光输出。

工作物质在光学谐振腔内虽然能够产生光放大,但在谐振腔内还存在着许多光的损耗因素,如反射镜的吸收、透射和衍射,以及工作物质不均匀造成的光线折射和散射等。如果各种光损耗抵消了光放大过程,也不可能有激光输出。

用阈值来表示光在谐振腔中每经过一次往返后光强改变的趋势。

若阈值小于1,就意味着往返一次后光强减弱。来回多次反射后,它将变得越来越弱,因而不可能建立激光振荡。因此,实现激光振荡并输出激光,除了具备合适的工作物质和稳定的光学谐振腔外,还必须减少损耗,达到产生激光的阈值条件。

5)产生激光的充要条件

(1)要有含亚稳态能级的工作物质。

(2)要有合适的泵浦源,使工作物质中的粒子被抽运到亚稳态并实现粒子数的反转分布,以产生受激辐射光放大。

(3)要有光学谐振腔,使光往返反馈并获得增强,从而输出高定向、高强度的激光。

(4)要满足激光产生的阈值条件。

综上所述,激光(laser)的产生就是受激辐射的光放大效应(light amplification by stimulated emission of radiation)可以顺利进行的过程。

1.1.2 激光的特性

1. 激光的方向性

1)光束方向性指标——发散角 θ

激光光束发散角 θ 是衡量光束从其中心向外发散程度的指标,如图 1-13 所示。通常把发散角的大小作为光束方向性的定量指标。

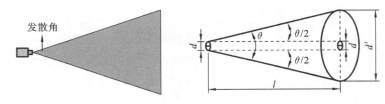

图 1-13　光束的发散角

2)激光光束的发散角 θ

普通光源向四面八方发散,发散角 θ 很大。例如,点光源的发散角约为 4π 弧度。

激光光束基本上可以认为是沿轴向传播的,发散角 θ 很小。例如,氦氖激光器发散角约为 10^{-3} 弧度。

对比一下可以发现,激光光束的发散角 θ 不到普通光源的万分之一。

使用激光照射距离地球约 38 万千米远的月球,激光在月球表面的光斑直径不到 2 km。

若换成看似平行的探照灯光柱射向月球,其光斑直径将覆盖整个月球。

2. 激光的单色性

1) 光束单色性指标——谱线宽度 $\Delta\lambda$

光束的颜色由光的波长(或频率)决定,单一波长(或频率)的光称为单色光,发射单色光的光源称为单色光源,如氦灯、氩灯、氖灯、氢灯等。

真正意义上的单色光源是不存在的,它们的波长(或频率)总会有一定的分布范围,如氪灯红光的单色性很好,谱线宽度范围仍有 0.00001 nm。

波长(或频率)的变动范围称为谱线宽度,用 $\Delta\lambda$ 表示,如图 1-14 所示。通常把光源的谱线宽度作为光束单色性的定量指标,谱线宽度越小,光源的单色性越好。

2) 激光光束的谱线宽度

普通光源单色性最好的是氪灯,其发射波长为 605.8 nm,谱线宽度为 4.7×10^{-4} nm。波长为 632.8 nm 的氦氖激光器产生的激光谱线宽度小于 10^{-8} nm,其单色性比氪灯的好 10^5 倍。

由此可见,激光光束的单色性远远超过任何一种单色光源。

3. 激光的相干性

1) 光束相干性指标——相干长度 L

两束频率相同、振动方向相同、有恒定相位差的光称为相干光。

光的相干性可以用相干长度 L 来表示,相干长度 L 与光的谱线宽度 $\Delta\lambda$ 有关,谱线宽度 $\Delta\lambda$ 越小,相干长度 L 越长。

2) 激光光束的相干长度

普通单色光源如氪灯、钠光灯等的谱线宽度在 $10^{-3}\sim10^{-2}$ nm 范围,相干长度在 1 mm 到几十厘米的范围。氦氖激光器的谱线宽度小于 10^{-8} nm,其相干长度可达几十千米。

由此可见,激光光束的相干性也远远超过任何一种单色光源。

4. 激光的高亮度

1) 光束亮度指标——光功率密度

光束亮度是光源在单位面积上向某一方向的单位立体角内发射的功率,简述为光功率/光斑面积,单位为 W/cm^2。由此看出,光束亮度实际上是光功率密度的另外一种表述形式。

2) 激光光束的光斑面积小

激光光束总的输出功率虽然不大,但由于光束发散角小,其亮度也高。例如,发散角从 180°缩小到 0.18°,亮度就可以提高 100 万倍,如图 1-15 所示。

3) 激光器的高功率

脉冲激光器的功率分为平均功率密度和峰值功率密度。

$$平均功率密度=平均功率(功率计测得的功率)/光斑面积$$
$$峰值功率密度=平均功率\times单位时间/重复频率/脉宽/光斑面积$$

4) 通过调 Q 技术压缩脉宽

有结果显示,脉冲激光器的光谱亮度可以比白炽灯的大 2×10^{20} 倍。

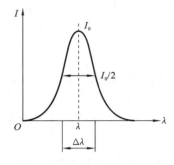

图 1-14　光束的谱线宽度

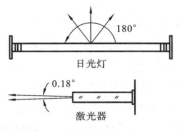

图 1-15　激光亮度

1.2　激光制造概述

1.2.1　激光制造技术领域

激光制造技术按激光光束对加工对象的影响尺寸范围,可以分为以下三个领域。

1. 激光宏观制造技术

(1) 定义:激光宏观制造技术一般指激光光束对加工对象的影响尺寸范围在几毫米到几十毫米之间的加工工艺过程。

(2) 主要工艺方法:激光宏观制造技术包括激光表面工程(包括激光表面处理、激光淬火、激光喷涂、激光蒸气沉积以及激光冲击硬化等,激光打标也归类在激光表面处理)、激光焊接、激光切割、激光增材制造等主要工艺方法。

2. 激光微加工技术

(1) 定义:激光微加工技术一般指激光光束对加工对象的影响尺寸范围在几个微米到几百微米之间的加工工艺过程。

(2) 主要工艺方法:激光微加工技术包括激光精密切割、激光精密钻孔、激光烧蚀和激光清洗等主要工艺方法。

3. 激光微纳制造技术

(1) 定义:激光微纳制造技术一般指激光光束对加工对象的影响尺寸范围在纳米到亚微米之间的加工工艺过程。

(2) 主要工艺方法:激光微纳制造技术包括飞秒激光直写、双光子聚合、干涉光刻、激光诱导表面纳米结构等主要工艺方法。

纳米尺度材料具有宏观尺度材料所不具备的一系列优异性能,制备纳米材料有许多途径,其中超快激光微纳制造成为通过激光手段制备纳米结构材料的热门方向。

超快激光一般是指脉冲宽度短于 10 ps 的皮秒和飞秒激光,超快激光的脉冲宽度极窄、能量密度极高、与材料作用的时间极短,会产生与常规激光加工几乎完全不同的机理,能够实现亚微米与纳米级制造、超高精度制造和全材料制造。

激光增材制造和超快激光微纳制造是激光制造技术领域中当前和今后一段时间的两个热点,已经被列入"增材制造和激光制造"国家重点研发计划。

1.2.2 激光制造分类与特点

1. 激光制造分类

从激光原理可以知道,激光具有单色性好、相干性好、方向性好、亮度高等四大特性,俗称三好一高。

激光宏观制造技术可以分为激光常规制造和激光增材制造两个大类,激光宏观制造技术主要利用了激光的高亮度和方向性好两个特点。

1) 激光常规制造

(1) 基本原理:把具有足够亮度的激光不束聚焦后照射到被加工材料上的指定部位,被加工材料在接受不同参量的激光照射后可以发生气化、熔化、金相组织以及内部应力变化等现象,从而达到工件材料去除、连接、改性和分离等不同的加工目的。

(2) 主要工艺方法:如图 1-16 所示,激光常规制造主要工艺方法包括激光表面工程(包括激光表面处理、激光淬火、激光喷涂、激光蒸气沉积以及激光冲击硬化等,国内常见的激光打标也可以归类在激光表面处理内)、激光焊接、激光切割等主要工艺方法。

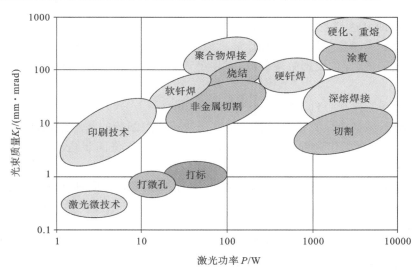

图 1-16 激光常规制造主要工艺方法

2) 激光增材制造(laser additive manufacturing,LAM)

激光增材制造技术是一种以激光为能量源的增材制造技术,按照成形原理进行分类,可以分为激光选区熔化和激光金属直接成形两大类。

(1) 激光选区熔化(selective laser melting,SLM)。

① 工作原理:激光选区熔化技术是利用高能量的激光光束,按照预定的扫描路径,扫描

预先在粉床铺覆好的金属粉末并将其完全熔化,再经冷却凝固后成形工件的一种技术,其工作原理如图 1-17 所示。

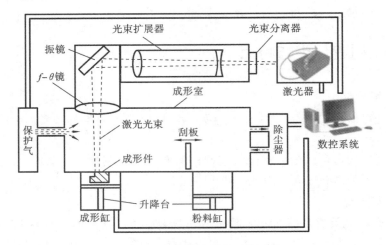

图 1-17　激光选区熔化工作原理

② 技术特点如下。

● 成形原料一般为金属粉末,主要包括不锈钢、镍基高温合金、钛合金、钴-铬合金、高强铝合金以及贵重金属等。

● 采用细微聚焦光斑的激光光束成形金属零件,成形的零件精度较高,表面稍经打磨、喷砂等简单后处理即可达到使用精度要求。

● 成形零件的力学性能良好,拉伸性能可超过铸件,达到锻件水平。

● 进给速度较慢,导致成形效率较低,零件尺寸会受到铺粉工作箱的限制,不适合制造大型的整体零件。

(2) 激光金属直接成形(laser metal direct forming,LMDF)。

① 工作原理:激光金属直接成形技术是利用快速原型制造的基本原理,以金属粉末为原材料,采用高能量的激光作为能量源,按照预定的加工路径,将同步送给的金属粉末进行逐层熔化,快速凝固和逐层沉积,从而实现金属零件的直接制造。

激光金属直接成形系统平台包括激光器、CNC 数控工作台、同轴送粉喷嘴、高精度可调送粉器及其他辅助装置,其工作原理如图 1-18 所示。

② 技术特点如下:

● 无需模具,可实现复杂结构零件的制造,但悬臂结构零件需要添加相应的支撑结构。

● 成形尺寸不受限制,可实现大尺寸零件的制造。

● 可实现不同材料的混合加工与制造梯度材料。

● 可对损伤零件实现快速修复。

● 成形组织均匀,具有良好的力学性能,可实现定向组织的制造。

2. 激光制造的特点

1) 一光多用

在同一台设备上用同一个激光源,通过改变激光源的控制方式就能分别实现同种材料

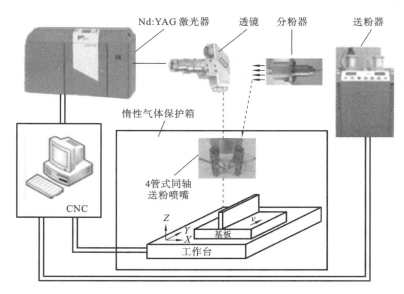

图 1-18 激光金属直接成形工作原理

的切割、打孔、焊接、表面处理等多种加工,既可分步加工,又可在几个工位同时加工。

图 1-19 是一台四光纤传输灯泵浦激光焊接机的光路系统示意图,灯泵浦激光器发出的单光束激光经过 45°反射镜 1 反射后,再分别经过 45°反射镜 2、3、4、5 分为四束激光,通过耦合透镜将四束激光耦合进入光纤进行传输,再通过准直透镜准直为平行光作用于工件上,实现了四光束同时加工,大大提高了加工效率。

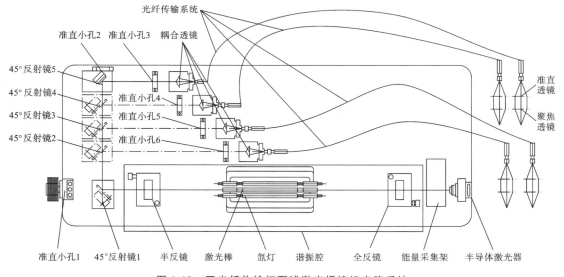

图 1-19 四光纤传输灯泵浦激光焊接机光路系统

2)一光好用

(1)在短时间内完成非接触柔性加工,工件无机械变形,热变形极小,后续加工量小,被加工材料的损耗也很少。

（2）利用导光系统可将光束聚集到工件的内表面或倾斜表面上进行加工，也可穿过透光物质（如石英、玻璃），对其内部零部件进行加工。

（3）激光光束易于实现导向、聚焦等各种光学变换，易实现对复杂工件进行自动化加工。

（4）通过使用精密工作台、视觉捕捉系统等装置，能对被加工表面状况进行监控，能进行精细微加工。

3）多光广用

（1）可对绝大多数金属、非金属材料和复合材料进行加工，既可以加工高强度、高硬度、高脆性及高熔点的材料，也可以加工各种软性材料和多层复合材料。

（2）既可在大气中加工，又可在真空中加工。

（3）可实现光化学加工，如准分子激光的光子能量高达 7.9 eV，能够光解许多分子的键能，引发或控制光化学反应，如准分子膜层淀积和去除。

激光制造虽有上述一些特点，但在加工过程中必须按照工件的加工特性选择合适的激光器，对照射能量密度和照射时间实现最佳控制。如果激光器、能量密度和照射时间选择不当，则加工效果同样不会理想。

1.3　激光加工设备

1.3.1　激光加工设备及其分类

1. 激光加工设备基础知识

1）机械设备组成知识

（1）关于机械的几个基本概念。

① 机械整机（machine）：根据 GB/T 18490—2001 定义，机械又称为机器，是由若干个零部件组合而成，其中至少有一个零件是可运动的，并且有适当的机械致动机构、控制和动力系统等。它们的组合具有一定的应用目的，如物料的加工、处理、搬运或包装等。

② 功能系统（system）：功能系统是按功能分类的同类部件组合，由若干要素（部分）组成。这些要素可能是一些个体、元件、零件，也可能其本身就是一个系统（或称为子系统）。如运算器、控制器、存储器、输入/输出设备组成了控制系统的硬件，而硬件又是控制系统的一个子系统。

③ 部件（assembly unit）：部件是实现某个动作（功能）的零件组合。部件可以是一个零件，也可以是多个零件的组合体。在这个组合体中，有一个零件是主要的，它实现既定的动作（功能），其他零件只起到连接、紧固、导向等辅助作用。

④ 零件（machine part）：组成机器的不可分拆的单个制件，其制造过程一般不需要装配工序。零件是机器制造过程中的基本单元。

（2）关于机械的几个扩展概念。

① 零部件：通常把除机架以外的所有零件和部件，统称为零部件。把机架称为构件，构件当然也是部件的一部分。

把不同零部件组合在一起的过程俗称零部件安装。

② 元器件：在涉及电子电路、光学、钟表设备的一些场合，某些零件（如电阻、电容、反射镜、聚焦镜、游丝、发条等）称为"元件"。某些部件（如三极管、二极管、可控硅、扩束镜等）称为"器件"，合起来称为元器件。

把不同元器件组合在一起的过程俗称元器件连接。

由于激光加工机械集激光器、光学元件、计算机控制系统和精密机械部件于一体，零部件、元器件和构件等称呼就同时存在。

同理，激光加工机械的生产制造过程主要包含零部件安装和元器件连接两个过程，如以后要讲到的光路系统部件的安装过程和主要器件的连接过程。

2. 激光加工设备组成知识

1）定义

根据 GB/T 18490—2001 定义，激光加工机械是包含有一台或多台激光器，能提供足够的能量/功率使至少有一部分工件融化、气化，或者引起相变的机械（机器），并且在准备使用时具有功能上和安全上的完备性。

根据以上定义和机械组成的基本概念可知，一台完整的激光加工设备由激光器系统、激光导光及聚焦系统、运动系统、冷却与辅助系统、控制系统、传感与检测系统六大功能系统组成，其核心为激光器系统。

值得提醒的是，根据功能要求不同，激光加工设备通常并不需要配置以上所有的功能系统，如激光打标机。

2）系统组成分析实例

图 1-20 是某台机架式 30 W 射频 CO_2 激光打标机的结构图。

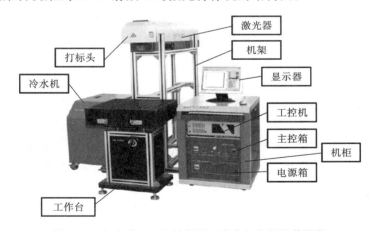

图 1-20 机架式 30 W 射频 CO_2 激光打标机总体结构

从外观上看，30 W 射频 CO_2 激光打标机主要由电源箱、机柜、主控箱、工控机、显示器、机架、激光器、打标头、冷水机、工作台等部件和器件组成。

按照激光加工设备的功能定义,电源箱和激光器构成了设备的激光器系统,主控箱、工控机、显示器构成了设备的控制系统,打标头构成了设备的导光及聚焦系统,工作台构成了设备的运动系统,机柜、冷水机构成了设备的冷却与辅助系统。由此看出,该台射频 CO_2 激光打标机没有传感与检测系统,但这并不影响其使用功能。

3. 激光加工设备分类知识

1)按激光输出方式分类

(1)连续激光加工设备:连续激光加工设备的特点是工作物质的激励和相应的激光输出可以在一段较长的时间范围内持续进行,连续光源激励的固体激光器和连续电激励的气体激光器及半导体激光器均属此类,如光纤激光切割机和 CO_2 激光切割机。

激光器连续运转过程中器件会产生过热效应,需采取适当的冷却措施。

(2)脉冲激光加工设备:脉冲激光加工设备可以分为单次脉冲和重复脉冲激光加工设备。

① 单次脉冲激光加工设备:单次脉冲激光加工设备中,激光器工作物质的激励和激光发射从时间上来说是一个单次脉冲过程。某些固体激光器、液体激光器及气体激光器均可以采用此方式运转,此时器件的热效应可以忽略,故某些设备可以不采取冷却措施。

典型的单次脉冲激光加工设备有激光打孔机、珠宝首饰焊接机等。

② 重复脉冲激光加工设备:重复脉冲激光加工设备中,激光器输出一系列的重复激光脉冲。激光器可相应以重复脉冲的方式激励,或以连续方式激励但以一定方式调制激光振荡过程,以获得重复脉冲激光输出,此时通常要求对器件采取有效的冷却措施。

重复脉冲激光加工设备种类很多,典型的重复脉冲激光加工设备有固体激光焊接机、固体及气体打标机等。

2)按激光器类型分类

按照激光器类型分类,激光加工设备可以分为固体和气体激光加工设备。

例如,灯泵浦 YAG 激光打标机、半导体侧面泵浦(DP)激光打标机、半导体端面泵浦(EP)激光打标机、光纤打标机等属于固体激光打标机;灯泵浦射频 CO_2 打标机、准分子打标机等属于气体激光打标机。

3)按加工功能分类

按照加工功能分类,激光加工设备可以分为激光宏观加工设备、激光微加工设备、激光微纳制造设备三大类。

目前,激光宏观加工设备仍然是激光加工设备的主流,包括激光表面工程(包括激光表面处理、激光淬火、激光喷涂、激光蒸气沉积以及激光冲击硬化等,激光打标可以归类在激光表面处理内)、激光焊接、激光切割、激光增材制造等主要工艺方法,与之相对应,工业激光加工系统有激光热处理机、激光切割机、激光雕刻机、激光标记机、激光焊接机、激光打孔机和激光划线机等类型。

4)按激光输出波长范围分类

按照激光输出波长范围,各类激光器可以分为以下几种。

(1)远红外激光器:指输出激光波长范围处于远红外光谱区($25 \sim 1000 \ \mu m$)的激光器,

NH_3 分子远红外激光器（281 μm）、长波段自由电子激光器是其典型代表。

（2）中红外激光器：指输出激光波长范围处于中红外光谱区（2.5～25 μm）的激光器、CO_2 激光器（10.6 μm）是其典型代表。

（3）近红外激光器：指输出激光波长范围处于近红外光谱区（0.75～2.5 μm）的激光器，掺钕固体激光器（1.06 μm）、CaAs 半导体二极管激光器（约 0.8 μm）是其典型代表。

（4）可见光激光器：指输出激光波长范围处于可见光光谱区（0.4～0.7 μm）的激光器，红宝石激光器（6943 Å）、氦氖激光器（6328 Å）、氩离子激光器（4880 Å、5145 Å）、氪离子激光器（4762 Å、5208 Å、5682 Å、6471 Å）以及某些可调谐染料激光器等是其典型代表。

（5）近紫外激光器：指输出激光波长范围处于近紫外光谱区（0.2～0.4 μm）的激光器，氮分子激光器（3371 Å）、氟化氙（XeF）准分子激光器（3511 Å、3531 Å）、氟化氪（KrF）准分子激光器（2490 Å）以及某些可调谐染料激光器等是其典型代表。

（6）真空紫外激光器：指输出激光波长范围处于真空紫外光谱区（50～2000 Å）的激光器，氢（H）分子激光器（1098～1644 Å）、氙（Xe）准分子激光器（1730 Å）等是其典型代表。

（7）X 射线激光器：指输出激光波长范围处于 X 射线谱区（0.01～50 Å）的激光器，目前仍处于探索阶段。

5）按激光传输方式分类

按照激光传输方式分类，激光加工设备可以分为硬光路和软光路激光加工设备。

硬光路是指激光器产生的激光通过各类镜片传输并作用在工件上，适用各类峰值功率要求较高的加工设备，但由于其光路是固定的，结构比较笨重，光路控制不灵活，不利于工装夹具的放置。

软光路是指激光器产生的激光通过光纤作为传输介质作用在工件上，光纤传输的光斑功率密度均匀，输出端体积小，适用于各类自动线生产中，但传输的功率较小。

1.3.2 激光加工设备系统组成

1. 激光器系统

1）激光器系统组成

激光器系统是包括激光器及其配套器件的总称，主要的配套器件有激光电源和其相应的控制板卡。图 1-21 是一台 CO_2 激光器系统的内部结构图，从图中可以看到，除了激光器本身外，里面还有射频电源和真空泵等配套器件。

激光加工设备对激光器的要求：激光器的输出功率高，光电转换效率高，光束质量好，激光器尺寸小。追求高光束质量下的高功率是工业激光器发展的主要目标。

2）激光光束质量与判断方法

激光器系统产生的激光光束质量直接影响着激光加工设备的使用效果。

理论上，激光光束的质量可以采用激光光束远场发

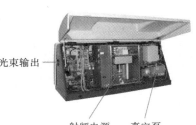

光束输出

射频电源 真空泵

图 1-21 CO_2 激光器系统

散角 θ、激光光束聚焦特征参数值 K_f、衍射极限倍因子 M^2、光束传输因子 K 等参数来描述，具体参见激光原理相关教材。

在激光加工设备的现场装调中，技术人员多用相纸、热敏纸和倍频片等工具来判断激光光束质量的好坏，这将在以后的技能训练环节介绍它们的实际使用方法。

2. 导光及聚焦系统

1）导光及聚焦系统功能

在激光加工过程中，导光及聚焦系统根据加工条件、被加工件的形状以及加工要求，将不同的激光光束导向和聚焦在工件上，实现激光光束与工件的有效结合。

2）导光及聚焦系统组成

图 1-22 是某台激光加工设备的导光及聚焦系统示意图，从图中可以看出，导光及聚焦系统主要由不同类型的光学元器件组成，如反射镜、扩束镜、聚焦镜、物镜和保护镜等。

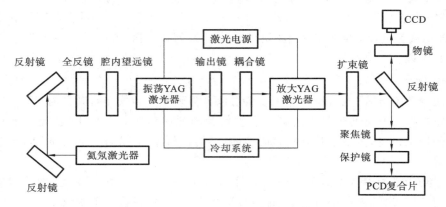

图 1-22　激光导光及聚焦系统示意图

根据这些镜片的作用，光学元器件可以分为四大类。

（1）光束转折系统：光束转折系统由各类反射镜构成，可以用一个或多个反射镜来改变光束传输方向。

当短时间、低功率使用时，不必对反射镜进行冷却，长时间、高功率使用时，必须采用冷却措施对反射镜进行冷却。

（2）聚焦系统：聚焦系统由各类凸透镜、凹面镜构成，将激光光束聚焦为加工所需要的光斑直径，以提高激光功率密度，实现激光工艺参数的调整。

（3）匀光系统：理论和实验研究均表明，能量分布均匀的激光光斑有助于使工件得到深度、硬度等均匀一致的加工效果。当激光器输出为基模或低阶模高斯激光光束时，必须采用一定的光学系统克服低阶模横截面上能量不均的缺点。

匀光系统用于形成能量分布均匀的光斑，由分割叠加变换系统、积分镜系统和振镜系统等构成。

① 分割叠加变换系统：即将高斯光束平行分割为几个子系统，并沿着分割线平行及垂直两个方向分别进行放大，最后将子光束按一定的相对位置进行叠加，以获得横截面内能量分布较均匀的光斑。典型的分割叠加变换系统器件有扩束镜和 $f\text{-}\theta$ 聚焦场镜等。

② 积分镜系统：积分镜系统是用以一定规律排列的反射镜或投射镜将强度不均匀的光束进行分割，并使反射光束或透射光束在其焦点上叠加，产生积分作用而获得均匀的光斑。典型的积分镜系统器件有 f-θ 聚焦场镜等。

③ 振镜系统：振镜系统采用高频振荡的镜片，使光束沿与扫描方向垂直的方向高频振动，在加工过程中，产生一条均匀的较宽的能量分布带。

（4）观测指示系统。

① 观测系统：用于观察实时加工情况，同时实时调整指示光的状态。

观测系统由高清 CCD、监视器和监控软件组成。激光光束照射到工件表面上，可见光被加工表面反射并通过聚焦透镜、反射镜、物镜进入 CCD 摄像机，操作者可实时观察激光加工过程，实时调整设备的工作状态，保证加工质量。

② 指示系统：指示系统就是小功率的氦氖激光器（半导体激光器），又称红光指示器，主要是便于进行光路的调整和工件的对中。

3）导光及聚焦系统的评价指标

（1）评价目标：激光光束从激光腔传输到加工工件时，导光及聚焦系统所产生的功率损耗最小且光斑模式没有变形。

（2）镜片选择：激光加工设备导光及聚焦系统镜片选择必须考虑两个重要的特性。

① 光束偏振质量：激光加工设备导光及聚焦系统各镜片需要一个特定的偏振，以保持最佳加工性能。

② 光学传输效率：导光及聚焦系统的传输效率是选择镜片的另外一个重要考虑因素。

光束转折系统的光学传输效率可以将所有反射镜片的反射率相乘得出。

例如，由四个反射镜片组成的系统，如果每个镜片的反射率是 99.6%，则总效率为 $(0.996)^4 \times 100\% = 98.4\%$。

3. 运动系统

1）运动系统功能

运动系统使工件与激光光束产生相对运动，形成连续的加工图案。运动系统通常以加工机床的形式出现，可以由专业机床生产厂家配套生产或自行制造。

2）运动系统组成

（1）相对运动方式。

① 工件不动，激光器随工作台运动。

② 工件随工作台运动，激光器不动。

③ 激光器和工件都不动，激光光束通过反射镜等光学元件运动。

④ 组合运动：工件运动和激光光束运动组合使用。

（2）运动方向类型。

运动系统按照能够实现的运动方向分类可以有下述几种，如图 1-23 所示。

① 两轴运动，如 X、Y 两轴运动。它可以实现二维运动，一般用于简单设备上。

② 三轴运动，如 X、Y、Z 三轴运动。实际设备上的 Z 轴运动是为了控制聚焦系统，从而调整光斑大小。

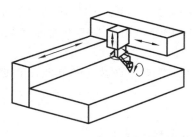

图 1-23 运动方向类型示意图

③ 四轴运动,如 X、Y、Z 三轴运动上再加上在 X-Y 平面 360°旋转。四轴运动在很多场合是必需的,如空间螺纹之类的激光加工,发动机气缸内壁进行激光热处理时,为了能在内壁上得到螺纹状硬化带就必须要实现四轴运动。

④ 五轴运动,如 X、Y、Z、在 X-Y 平面 360°旋转和 X-Y 平面在 Z 方向上 180°的摆动,以实现更加复杂的空间加工。

五轴以上的复杂运动一般通过机器人来实现。

4. 传感与检测系统

1)传感与检测系统功能

传感与检测系统监控并显示激光功率、光斑模式以及工件表面温度等参数。

2)传感与检测系统组成

(1)检测信号分类如下。

① 光信号:激光加工过程中等离子体和熔池光辐射变化产生光信号变化。

② 声音信号:激光加工过程中等离子体变化产生声振荡和声发射信号变化。

③ 等离子体信号:激光加工过程中等离子体变化产生的喷嘴和工件表面之间的电荷变化。

(2)传感器类型:激光加工过程中检测到的信号可以由以下传感器获取,如图 1-24 所示。

① 光信号传感器:主要有光电二极管、CCD、高速摄像机以及光谱分析仪等。

② 声学传感器:主要有声压传感器、超声波传感器以及噪声学传感器等。

③ 电荷传感器。

3)典型传感与检测系统实例

(1)激光光束能量(功率)负反馈系统:在激光加工设备中,目前普遍采用了激光光束能量(功率)负反馈系统,如图 1-25 所示。

能量(功率)负反馈系统的工作原理是利用传感器来检测不同位置激光能量的大小,将

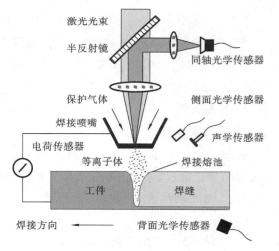

图 1-24 激光加工过程中检测信号与传感器

该信号实时反馈到控制端,与理论设定能量(功率)值进行比较,形成一个闭环控制系统,达到准确控制激光能量(功率)输出的目的。

(2)CCD 视觉捕捉系统:在激光加工设备中,目前普遍采用了 CCD 视觉捕捉系统,如图 1-26 所示的 CCD 激光焊接视觉捕捉系统。

CCD 视觉捕捉系统结构上有共轴安装和非共轴安装两种形式,既适合于光束固定式,也适合于振镜式激光加工设备,如图 1-27 所示。

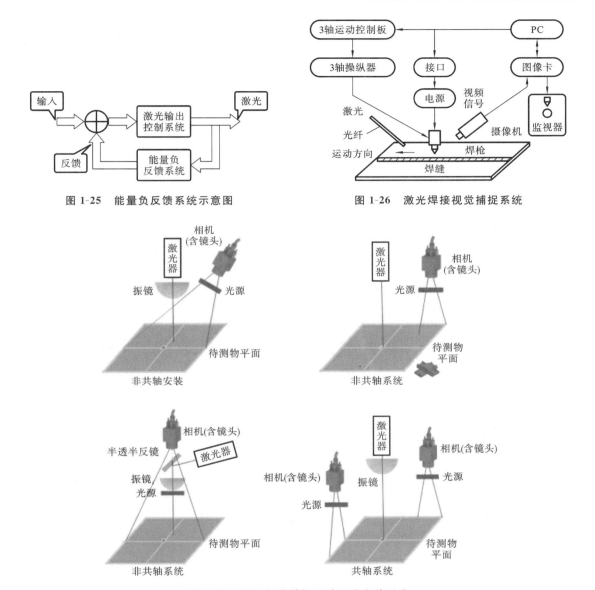

图 1-25　能量负反馈系统示意图

图 1-26　激光焊接视觉捕捉系统

图 1-27　CCD 视觉捕捉系统两种安装形式

（3）全光路能量（功率）传感与检测装置：在激光加工设备中，一般在激光器的全反镜端放置一个激光能量（功率）检测装置，将检测到的激光能量（功率）实时反馈到激光器电源控制端来控制激光器输出能量（功率）的大小，进而提高激光器输出能量（功率）的稳定性，如图1-28中激光功率输出检测装置 A。

这种方法的优点是控制方便，器件结构简单，缺点是激光器出光后到激光加工点（工件）之间的整个光路传输及聚焦系统，包括激光入射（耦合）单元、激光光纤及激光出射单元都不在激光输出能量（功率）的控制范围内，只能保证激光器输出能量（功率）的稳定性，无法保证激光加工点（工件）端的激光输出能量（功率）的稳定性。

　　为了解决这一问题,可以在激光出射单元处再加一个激光功率输出检测装置 B 来检测激光输出功率信号,并将该信号实时反馈到电源控制端来控制泵浦灯电流的大小,进而控制激光加工点(工件)上激光输出稳定性的问题,如图 1-28 中激光功率输出检测装置 B。

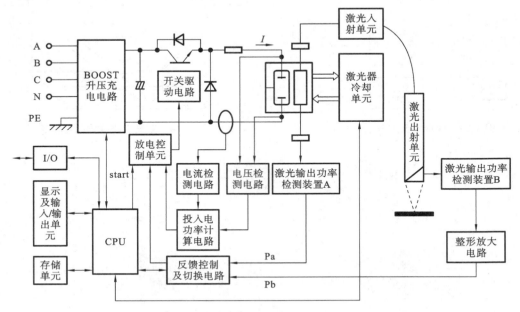

图 1-28　全光路能量(功率)传感与检测装置原理图

　　激光器端的激光功率输出检测装置 A 和加工点(工件)端的激光功率输出检测装置 B 合在一起组成了全光路能量(功率)传感与检测装置,可以有效控制加工点(工件)上激光输出稳定性的问题。

　　无论是激光器端的激光功率输出检测装置 A,还是加工点(工件)端的激光功率输出检测装置 B,都采用了激光光束能量(功率)负反馈的工作原理来检测不同位置激光能量的大小,并将该信号实时反馈到控制端,与理论设定的能量进行比较,形成一个闭环控制系统,达到准确控制激光能量输出的目的。

5.控制系统

1)控制系统功能

　　激光加工设备的控制系统的主要功能是输入加工工艺参数并对参数进行实时显示、控制,还要进行加工过程中各器件动作的互锁、保护以及报警等。

2)激光加工主要工艺参数

　　根据激光器的类型和加工方式,不同激光加工设备的工艺参数各不相同,甚至有很大的区别,主要有以下几种:

(1)激光功率;

(2)焦点位置;

(3)加工速度;

(4)辅助气体压力。

3）工艺参数输入方式

（1）控制面板输入：较为简单的加工工艺参数输入主要通过控制面板上的操作按钮来进行，如图 1-29 所示。

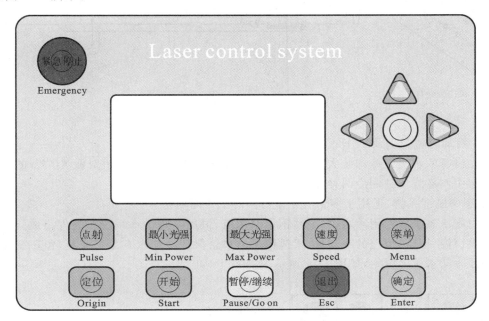

图 1-29　控制面板输入工艺参数示意图

（2）专用软件输入：较为复杂的加工工艺参数输入主要通过专用软件来实现，不同的加工设备和加工方式其软件的界面各不相同，这里不做详细介绍，读者可以参考不同加工软件说明书。

6. 冷却与辅助系统

1）冷却与辅助系统器件组成

激光加工设备的冷却与辅助系统主要包括以下几个大类的装置。

（1）冷却装置；

（2）供气装置；

（3）除烟除尘及排渣装置；

（4）保护装置。

2）激光加工设备冷却装置

（1）冷却装置概述。

激光加工设备总的电光效率是比较低的，大部分或一部分电能将转换为热能，因此，所有激光加工设备都需要冷却装置来冷却各类元器件，避免元器件因温度过高而产生热变形，导致破坏光斑模式，降低加工质量，甚至损坏元器件，造成人员伤害。

冷却装置主要有水冷和风冷两种方式，图 1-30（a）所示的是典型的风冷激光器，图 1-30（b）所示的是典型的水冷激光器。

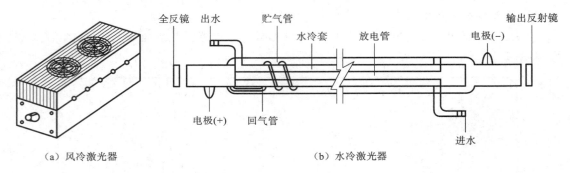

（a）风冷激光器   （b）水冷激光器

图 1-30　冷却方式

（2）冷却装置类型及工作原理。

激光设备的水冷式冷却装置是通过冷水机组来实现的,冷水机组对激光设备的冷却可以采用集中制冷或单独制冷两种方式进行。

① 集中制冷系统:适用于多台激光设备同时工作的场合。

集中制冷系统由专用冷水机、不锈钢保温水箱、恒压变频供水系统三大件组成。专用冷水机提供恒温、恒流、恒压的冷却水,不锈钢保温水箱保证冷却水有足够流量,恒压变频供水系统保证冷却水压力恒定,如图 1-31 所示。

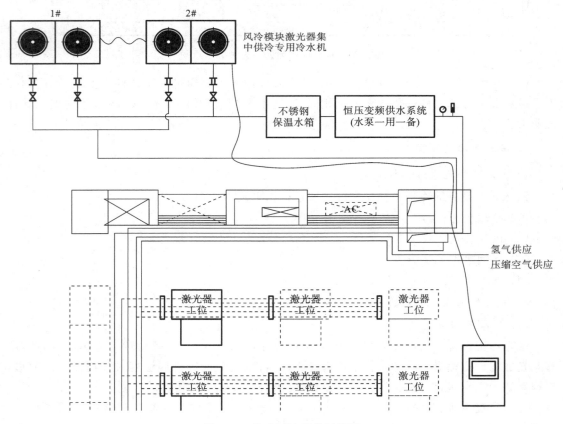

图 1-31　集中制冷系统示意图

② 单独制冷系统：适用于单台激光设备工作的场合。

③ 冷水机工作原理：无论是单独制冷系统还是集中制冷系统，其主要结构都是由冷水机组成，一般对激光设备的冷却采用二次循环冷却的方式完成。

二次循环冷却方式包含内循环冷却水通道和外循环冷却水通道，两个通道互不相通，只是通过内外循环热交换器交换热量，如图 1-32 所示。

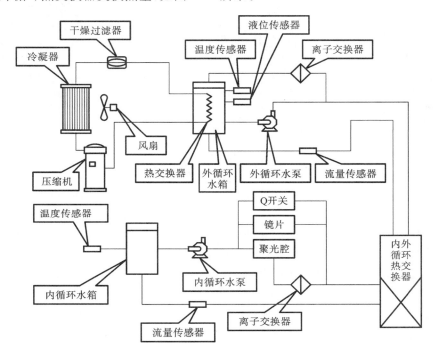

图 1-32　冷水机的二次循环冷却方式示意图

内循环冷却水通过内循环水箱、流量传感器、离子交换器、内外循环热交换器内通道和内循环水泵完成对聚光腔、镜片和 Q 开关等器件的冷却，使用中性去离子蒸馏水。

外循环冷却水通过外循环水箱、外循环水泵、流量传感器、内外循环热交换器外通道完成对内循环冷却水的冷却，此过程使用自来水。

制冷剂通过压缩机、热交换器、外循环水箱、干燥过滤器和冷凝器完成对外循环冷却水的冷却。

简单来说，冷水机的工作过程就是制冷剂冷却外循环水、外循环水冷却内循环水、内循环水冷却器件。

综上所述，冷水机内部结构由三个子系统组成，即制冷剂循环系统、冷却液循环系统和电气控制系统。制冷剂循环系统提供冷源，冷却液循环系统冷却部件，电气控制系统保证机组按照规定的顺序动作。

冷水机工作时先向水箱注入一定量的水，通过制冷剂循环系统将水冷却，再由冷却液循环系统将符合水压要求、温度相对较低的冷却水送入需冷却的激光设备各器件，把热量带走。冷冻水将热量带走后温度升高再回流到水箱，达到器件冷却的作用。

（3）制冷剂循环系统主要器件与工作过程。

① 压缩机：压缩机吸入已经气化冷却介质并压缩成高温、高压气体排入冷凝器，如图1-33（a）所示。正常工作时，压缩机吸气口和排气口两端铜管的温度不同，排气口（高压管）端温度在50～60 ℃之间，吸气口（低压管）端温度在5～6 ℃之间。

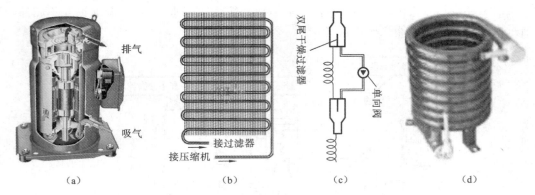

图 1-33　制冷剂循环系统主要器件

② 冷凝器：冷凝器将压缩机排入的高温、高压气体冷却后变成液体，如图1-33（b）所示。

③ 干燥过滤器：制冷剂循环中如果含有水分，当制冷剂通过节流阀（热力膨胀阀或毛细管）时，因压力及温度下降，有时水分会凝固成冰，使通道阻塞，影响制冷装置的正常运作，所以必须安装干燥过滤器，如图1-33（c）所示。

④ 蒸发器：蒸发器依靠制冷剂液体的蒸发吸收被冷却介质的热量，又称为热交换器，如图1-33（d）所示。

冷水机蒸发器外形结构一般为螺旋管，放置在水箱内吸收热量，降低水温。

⑤ 制冷剂：制冷剂携带热量，并在状态变化时实现吸热和放热。大多数冷水机使用R22或R12作为制冷剂。

⑥ 制冷剂循环系统工作过程：制冷剂循环系统工作过程是蒸发器中的液态制冷剂吸收水中的热量并完全蒸发（制冷过程），变为气态后被压缩机吸入并压缩，通过冷凝器（风冷/水冷）吸收热量（散热过程）凝结成低温高压液体，再通过热力膨胀阀（或毛细管）节流后变成低温低压制冷剂进入蒸发器，完成制冷剂循环过程。

制冷剂循环系统的管路如果出现结霜，可能是制冷剂不够，应请专业人士补充并检查是否存在泄露。

（4）冷却液循环系统主要器件与工作过程。

① 常用冷却液：激光设备冷水机常用冷却液是冷却水，特殊要求时可用乙二醇溶液、硅油等。冷却水必须使用去离子水或纯水，最好使用蒸馏水。

② 冷却水纯度指标：电导率EC（electric conductivity）是测量水的各类杂质成分的重要指标，水越纯净，电导率越低。水的电导率以电导系数来衡量，是水在25 ℃时的电导率。在国际单位制中，电导率的常用单位为西门子/米（S/m）、毫西/厘米（mS/cm）、微西/厘米（μS/cm）等。

普通纯水：EC=1～10 μS/cm。高纯水：EC=0.1～1.0 μS/cm。超纯水：EC=0.055～0.1 μS/cm。

在实际测量中,用电阻率(MΩ/cm)来表示溶液的电导率比较方便,电阻率是电导率的倒数。

③ 冷却水纯度检查方法:冷却水纯度是保证激光输出效率及激光器组件寿命的关键,应每周检查一次内循环水的电阻率,保证其电阻率不小于 0.5 MΩ/cm,每月更换一次内循环水,新注入纯水的电阻率必须不小于 2 MΩ/cm。

TDS(Total dissolved solids)是指水中溶解性固体总量,它表示 1 升水中溶有多少毫克溶解性固体,与水的电导率有较好的对应关系,单位为毫克/升(mg/L)。TDS 值越高,电导率越高,反之亦然。

市面上有专用的 TDS 测试笔销售,它的使用方法很简单,如图 1-34 所示。

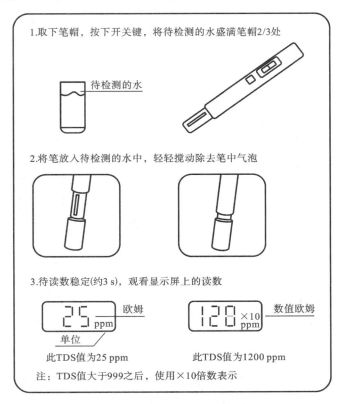

1.取下笔帽,按下开关键,将待检测的水盛满笔帽2/3处

待检测的水

2.将笔放入待检测的水中,轻轻搅动除去笔中气泡

3.待读数稳定(约3 s),观看显示屏上的读数

25 ppm 欧姆

128 ×10 ppm 数值欧姆

单位

此TDS值为25 ppm　　此TDS值为1200 ppm

注:TDS值大于999之后,使用×10倍数表示

图 1-34　TDS 测试笔使用方法

冷却水纯度也可以直接使用万用表检查,方法是将万用表置于 2 MΩ 电阻挡,把两支表笔测量端的金属外露部分以 1 cm 的间隔距离,平行地插入冷却水面,此时的电阻读数至少应大于 2 MΩ。

冷却系统中如果装有离子交换树脂,一旦发现交换柱中树脂的颜色变为深褐色甚至黑色时,应立即更换树脂。

④ 冷却液循环系统工作过程:冷却液循环系统由水泵将冷却水从水箱送到用户需冷却的设备器件中,冷却水将器件热量带走后温度升高,再回到冷却水箱中制冷,循环往复。

(5)电气控制系统主要器件与工作过程。

① 电气控制系统概述。

电气控制系统包括系统电源和控制回路两大部分,如图 1-35 所示。系统电源通过接触器对压缩机、风扇、水泵等器件供电。

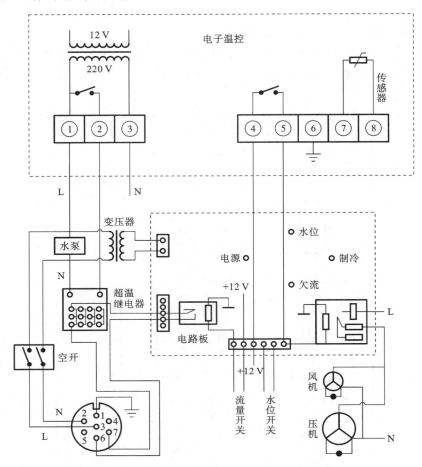

图 1-35 冷水机电气控制系统示意图

冷水机控制回路包括水位、温度、压力、流量控制回路及与之相关的延时器、继电器、过载保护器件等,一般设有电源高低压保护、压缩机过热保护、电流过载保护、三相电源缺相及相序保护、防漏电接地保护等多功能保护。

② 冷水机水位控制系统器件与工作过程。

冷水机水位控制系统器件的核心器件是水位开关,结构及工作过程如图 1-36 所示。

移动浮子由比重比水轻的塑料制造,当水位高于或等于设定值时,移动浮子上浮,开关闭合,无控制信号输出,冷水机正常工作。当水位低于设定值时,移动浮子下移,开关打开,有控制信号输出,冷水机蜂鸣器报警提示水量不足。

③ 冷水机水流控制系统器件与工作过程。

冷水机水流控制系统的核心器件是流量开关,流量开关有不可调流量开关和可调流量开关两大类型,外形如图 1-37 所示。

当管道内冷却水流量低于设定值时,移动浮子下移,不可调流量开关开启,输出控制信号控制激光器电源关闭。当管道内冷却水流量高于设定值时,移动浮子上移,流量开关闭合,输出控制信号控制激光器电源开启。

可调流量开关可以通过扭转调整螺丝在一定范围内设定管道内冷却水流量。如图1-37所示的流量开关,打开上盖,顺时针扭转调整螺丝可调高流量,逆时针扭转可调小流量。

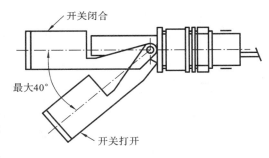

图1-36　水位开关工作过程示意图

④ 冷水机水温控制系统器件与工作过程。

冷水机水温控制系统的核心器件是温度控制器,温度控制器有双金属膨胀机械温度控制器和电子集成温度控制器两大类。

● 双金属膨胀机械温度控制器:双金属膨胀机械温度控制器结构如图1-38所示,核心零件是感温管。感温管由线膨胀系数差别较大的两种金属组成,线膨胀系数大的金属棒在中心,小的套在外面并焊在一起,外套管的另一端固定在安装位置处。

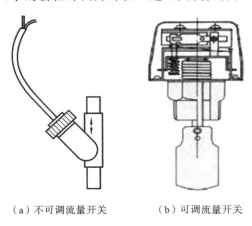

（a）不可调流量开关　（b）可调流量开关

图1-37　不可调/可调流量开关外形示意图

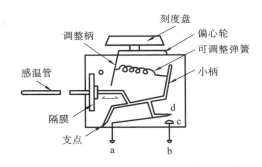

图1-38　双金属膨胀机械温度控制器结构

当温度升高时,中心的金属棒便向外伸长,伸长长度与温度成正比,从而带动动触点d运动,改变c、d的连接状态。

点a、b为两个接线端口,接在冷水机制冷系统的压缩机控制电路上,c、d分别为静、动触点,一般处于断开状态,当刻度盘调节到固定数值后,弹簧的弹力为一定值。

当冷却液循环系统的水箱内水温高于设定温度时,感温管使动触点d与静触点c闭合,压缩机电源接通,开始制冷。

当温度下降到低于设定温度时,动静触点又被分离,压缩机电源断开,制冷停止,水温基本保持恒定。

● 电子式温度控制器:某型号的电子式温度控制器前面板外观及内部端口连线如图1-39所示。从内部端口连线端可以得知,端口1、2是交流220V电源输入端,用来给温度控制器供电。端口6、7用来连接压缩机的控制端口控制压缩机的启停。传感器端口9、10用来连接负温度系数(NTC)的热敏电阻器(置于水箱内),当温度低时,其电阻值较高;当温度升高时,电阻值降低,导致温度控制器内部的控制信号发生变化,达到温度控制的目的。

 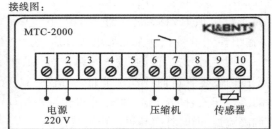

图1-39 电子式温度控制器外形及内部连接图

电子式温度控制器有许多功能设置,主要有设置参数模式、查看参数、探头故障报警、超温报警、开机延时保护和温度校正等,如表1-1所示,具体内容请参看说明书。

表1-1 电子式温度控制器常见功能设置

显示	功能	设定范围	功能说明
F01	温度上限	−39~+50 ℃	控制器设置温度范围
F02	温度下限	−40~+49 ℃	
F03	温度校正	±5 ℃	显示温度与实际温度有偏差时可进行温度校正
F04	延时时间	0~9 min	压缩机开机延时保护
F05	超温报警	0~20 ℃	当水温超出设定的超温报警值时,蜂鸣器鸣响且数码管闪烁
444	探头故障报警		当探头出现短路、断路等故障时,蜂鸣器鸣响且数码管显示"444"并闪烁

设置温度控制器的工作温度时,除了满足设备的工作要求外,还应防止环境温度与设备工作温度的温差过大,一般温度下限设置应不低于环境温度5 ℃,否则容易使得设备的某些器件结露,导致激光器功率下降,并有可能带来其他破坏性损失。

例如,如果环境温度为33 ℃,则下限温度设置就不宜低于28 ℃。

3)激光加工设备供气装置

(1)供气装置概述。

激光加工设备供气装置有两个功能:第一个功能是为激光加工工艺提供辅助气体,如提供清洁干燥的压缩空气和高纯氧气来助燃,提供高纯氮气和氩气进行工件保护等;第二个功能是为激光加工设备提供辅助气体,如提供清洁干燥的压缩空气来驱动夹具的气缸,使用气体进行光路的正压除尘等。

(2)供气方式。

供气装置有集中供气和独立供气两种供气方式。

① 集中供气系统(central gas supply system):在激光打标、切割、焊接等加工设备集中的地方,常常建有集中供气系统。

集中供气系统将激光加工中需要的氧气、氩气、氮气等辅助气体送到各个激光设备,具有保持气体纯度、不间断供应、压力稳定、经济性高、操作简单安全的优点。

集中供气系统如图 1-40 所示。

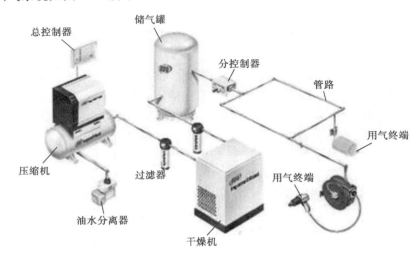

图 1-40 集中供气系统

② 独立供气系统:独立供气系统由气源(一般是液化气钢瓶)直接向设备供气,如图 1-41 所示。值得注意的是,不同气源的钢瓶有不同的颜色,如图 1-42 所示。

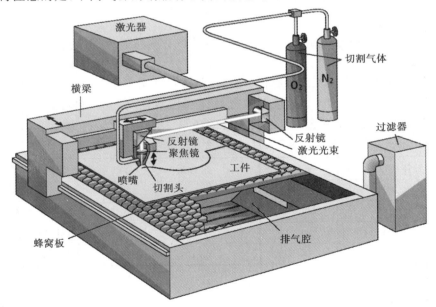

图 1-41 独立供气系统

(3) 激光加工中的主要辅助气体。

① 氩气(Ar):氩气是一种惰性气体,主要用于在激光焊接与切割铝、镁、铜及其合金和不锈钢时的保护气体,防止工件被氧化或氮化,用浅蓝色气瓶存放。

氩气对人体无直接危害,但在高浓度时有窒息作用,液氩触及皮肤可引起冻伤,液态氩

图 1-42 不同气源的钢瓶

溅入眼内可引起炎症。

② 氮气（N_2）：氮气无色无味，主要用于激光焊接、切割和打标中的保护气体，采用黑色钢瓶盛放。

在氮气作为辅助气体的激光切割中，氮气吹出切缝，没有化学反应，熔点区域温度相对较低，切割质量高，适合加工铝、黄铜等低熔点材料，也可用于不锈钢的无氧化切割，还能用来加工木材、有机玻璃等特殊材料。

高纯氮的价格是高纯氧的 3 倍，氮气切割的综合成本是氧气切割的 15 倍以上。

③ 氧气（O_2）：氧气无色无味，主要用于激光焊接、切割和打标中的助燃气体，采用蓝色钢瓶盛放。

在氧气作为辅助气体的激光切割中，氧气参与燃烧，高温增大热影响区，使切割质量相对较差。但氧气燃烧增加热量，提高了切割厚度，成本低，主要应用于碳钢或不锈钢的切割。

④ 压缩空气（CA）：压缩空气主要由空气压缩机来提供，主要有以下几个作用。第一，用来驱动夹具气缸移动到指定位置，完成工件装夹过程。第二，使光路系统在工作过程中始终保持正气压，避免灰尘进入污染镜片，延长镜片寿命。第三，可以用来去除烟尘、清理工件。第四，用来进行模板、PVC 等非金属易燃材料的助燃切割。

（4）辅助气体纯度与选择。

① 气体产品的等级与纯度：气体产品的等级可以分为普通气（工业气）、纯气、高纯气、超纯气四个等级。

辅助气体纯度对激光加工质量有很大影响，气体中所含的氧气影响断面加工质量，水分会对激光器件造成危害。表 1-2 说明了氮气纯度和切割金属产品质量的关系，由表可以看出，气体级别在 4.5 级以上激光切割断面质量良好。

表 1-2 氮气纯度和切割金属产品时质量的关系

气体等级	气体纯度/（%）	氧气含量	水含量	激光切割断面质量
2.8	99.8	500×10^{-6}	20×10^{-6}	无氧化，表面微黄
3.5	99.95	100×10^{-6}	10×10^{-6}	无氧化，没有光泽
4.5	99.995	10×10^{-6}	5×10^{-6}	无氧化，断面光亮
5.0	99.9999	3×10^{-6}	5×10^{-6}	安全无氧化，断面有光泽

② 气体产品的等级与纯度的表示方法如下：

● 用百分数表示，如 99%、99.5%、99.99% 等。

● 用英文"9"的字头"N"表示，如 3N、4N、4.8N、5N 等。

"N"的数目与"9"的个数相对应，小数点后的数表示不足"9"的数，如 4N（99.99%）、4.8N（99.998%）等，5.0 最大。

4）激光加工设备除烟除尘装置

激光加工设备利用专业烟雾净化器来解决激光加工过程中产生的粉尘和有害气体对环

境、设备和产品的污染。

（1）激光烟雾净化器组成。

激光烟雾净化器主要由烟雾过滤系统和参数控制系统组成。

（2）烟雾过滤系统主要器件与工作过程。

① 烟雾过滤系统：烟雾过滤系统采用下进风上排风设计，由进气口、多层过滤器、风琴式预过滤器、主过滤器、排气口等器件组成，烟雾通过进气口—预过滤器—主过滤器—排气口排出，如图 1-43 所示。

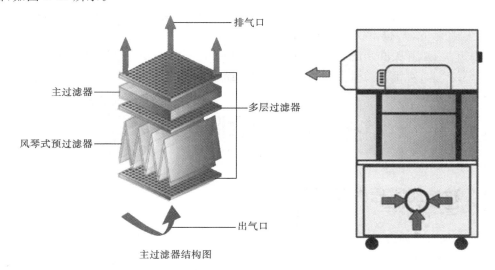

图 1-43 烟雾过滤系统组成

从物理原理分析，烟雾过滤系统由预过滤层、HEPA 高效过滤层、除味过滤层 3 级过滤组成。

② 风琴式预过滤器：预过滤器是风琴式预过滤袋，展开面积可达垫式过滤面积的 20 倍，大颗粒粉尘在重力作用下沉降在过滤袋中，避免主过滤器过早堵塞，延长滤芯使用寿命。

③ 主过滤器：预过滤后小颗粒粉尘随气流进入主过滤器，主过滤器由 HEPA 高效过滤芯（high efficiency particulate air filter）和化学滤芯组成，空气可以通过，直径 $0.3~\mu m$ 以上的细小微粒无法通过，过滤效率可达 99.997%，再通过化学滤芯去除气体中的有害元素，达到环保排放的要求。

主过滤器一般采用抽屉式安装结构，方便更换。

（3）参数控制系统主要器件与工作过程。

激光烟雾净化器的参数控制系统主要由风机压力闭环控制系统、滤芯堵塞声光报警装置、粉尘及有害气体传感器等器件组成。

风机压力闭环控制系统通过压力传感器反馈风压信号，实现对风量的精确调节。当滤芯堵塞时，滤芯堵塞声光报警装置指示灯亮并伴有报警声，提示更换滤芯。粉尘及有害气体传感器可以自动检测净化后气体，防止有害气体危害人体健康。

5）激光加工设备防护装置

整体、全面、有效的防护装置是衡量激光加工设备功能完备性的重要标志。

（1）激光器系统辐射安全防护装置：为了避免直接激光辐射，大多数固体激光器采用全封闭式设计。激光器出光接口必须做密封设计,如各种光纤传导接口必须制定统一接口标准,激光器和激光头无缝对接,避免对外辐射。

(2)导光系统辐射安全防护装置:导光系统激光辐射主要来自于激光头和加工工件之间的反射。机床类激光设备主要采用防护罩和专业防护玻璃来减少辐射,防护罩通常采用不透光的钣金材料,阻断激光辐射对操作者可能带来的辐射伤害甚至是机械撞击。

防护玻璃常安装在防护罩的观察窗口位置,便于操作员观察机床运行情况。

(3)加工设备总体安全设计装置:加工设备总体安全设计装置实现对激光的多重控制。

① 挡板和安全联锁开关:激光设备需要安全联锁开关,确保只有用钥匙打开联锁开关后才能触发启动激光器,拔出钥匙就不能启动。

② 总开关:总开关必须配可取下的钥匙,并由专人保管,必要时可以设置密码。

③ 遥控开关:对于 4 类激光产品可以采用遥控操作。

1.4 激光安全防护知识

1.4.1 激光加工危险知识

1. 激光加工危险分类

根据《激光加工机械安全要求》(GB/T 18490—2001),使用激光加工设备时可能导致两大类危险:第一类是设备固有的危险;第二类是外部影响(干扰)造成的危险。危险是引起人身伤害或设备损坏的原因。

1)设备固有危险

激光加工设备固有危险一共有 8 个大类。

(1)机械危险:机械危险包括激光加工设备运动部件、机械手或机器人运动过程中产生的危险,主要包含以下几个方面。

① 设备及其运动部件的尖棱、尖角、锐边等的刺伤和割伤危险。

② 设备及其运动部件倾覆、滑落、冲撞、坠落或抛射危险。

例如,激光加工设备上的机械手可能会把防护罩打穿一个孔,可能损坏激光器或激光传输系统,还可能会使激光光束指向操作人员、周围围墙和观察窗孔。

(2)电气危险:激光加工设备总体而言属于高电压、大电流的设备,电气危险首先可能是高电压、大电流对操作人员的伤害和对设备造成的损坏,其次是在极高电压下无屏蔽元件产生的臭氧或 X 射线,它们都会直接造成触电等人身伤亡事故。

(3)噪声危险:使用激光加工设备时常见的噪声源有吸烟雾用的除尘设备运转喧叫声、抽真空泵的马达噪声、冷却水用的水泵马达噪声、散热用的风扇转动噪声等。

在无适当防护的情况下,当噪声总强度超过 90 dB 时可引起头痛、耳鸣、心律不齐和血压升高等后果,甚至可致噪声性耳聋。

激光加工设备整机噪声声压级不应超过 75 dB(A)。声压级测量方法应符合 GB/T

16769—2008 的规定。

（4）热危险：在使用激光加工设备时可能导致火灾、爆炸、灼伤等热危险，热危险可分为人员烫伤危险和场地火灾危险两大类。

激光加工设备爆炸源主要有泵浦灯、大功率玻璃管激光器、电解电容等。

由热危险导致烧穿激光加工设备的冷却系统和工作气体管路以及传感器的导线，可能造成元器件损毁或机械危险产生。

激光光束意外地照射到易燃物质上也可能导致火灾。

（5）振动危险。

（6）辐射危险的分类和后果如下。

① 辐射危险种类：辐射危险与热危险密不可分，它可以分为三类。

● 直射或反射的激光光束及离子辐射导致的危险。

● 泵浦灯、放电管或射频源发出的伴随辐射（紫外、微波等）导致的危险。

● 激光光束作用使工件发出二次辐射（其波长可能不同于原激光光束的波长）导致的危险。

② 辐射危险后果：辐射危险会引起聚合物降解和有毒烟雾气体，尤其是臭氧的产生，会造成可燃性物料的火灾或爆炸，会对人形成强烈的紫外光、可见光辐射等。

（7）设备与加工材料导致的危险的分类及副产物。

① 危险种类：设备与加工材料导致的危险的分类及副产物。

● 激光设备使用的制品（如激光气体、激光染料、激活气体、溶媒等）导致的危险。

● 激光光束与物料相互作用（如烟、颗粒、蒸气、碎块等）导致的火灾或爆炸危险。

● 促进激光光束与物料作用的气体及其产生的烟雾导致的危险，包括中毒和氧缺乏危险。

② 各类激光加工时常见的副产物与危险。

● 陶瓷加工：铝（Al）、镁（Mg）、钙（Ca）、硅（Si）、铍（Be）的氧化物，其中氧化铍（BeO）有剧毒。

● 硅片加工：浮在空气中的硅（Si）及氧化硅的碎屑可能引起硅肺病。

● 金属加工：锰（Mn）、铬（Cr）、镍（Ni）、钴（Co）、铝（Al）、锌（Zn）、铜（Cu）、铍（Be）、铅（Pb）、锑（Sb）等金属及其化合物对人体是有影响的。

其中 Cr、Mn、Co、Ni 对人体致癌，Zn、Cu 金属烟雾引起发烧和过敏反应，金属 Be 引起肺纤维化。

在大气中切割合金或金属时会产生较多重金属烟雾。

金属焊接与金属切割相比，产生的重金属烟雾量较低。

金属表面改性一般不会发生，但有时也会产生重金属烟雾。

低温焊接与钎焊可能会产生少量的重金属蒸气、焊剂蒸气及其副产物。

● 塑料加工：切割加工、温度较低时产生脂肪族烃，而温度较高时则会使芳香族烃（如苯、PAH）和多卤多环类烃（如二噁苯、呋喃）增加。其中聚氨酯材料会产生异氰酸盐、PMMA 会产生丙烯酸盐，PVC 材料会产生氧化氢。

氰化物、CO、苯的衍生物是有毒气体，异氰酸盐、丙烯酸盐是过敏源和刺激物，甲苯、丙烯醛、胺类刺激呼吸道，苯及某些 PAH 物质会致癌。

在切割纸和木材时会产生纤维素、酯类、酸类、乙醇、苯等副产物。

(8) 设备设计时忽略人类工效学原则而导致的危险。

① 误操作危险。

② 控制状态设置不当。

③ 不适当的工作面照明。

2) 设备外部影响（干扰）造成的危险

设备外部影响（干扰）造成的危险是指激光加工设备外部环境变化后所造成的设备状态参数变化而导致的危险状态，也可以分为以下 8 类。

(1) 温度变化。

(2) 湿度变化。

(3) 外来冲击和振动。

(4) 周围的蒸气、灰尘或其他气体干扰。

(5) 周围的电磁干扰及射电频率干扰。

(6) 断电和电压起伏。

(7) 由于安全措施错误或不正确定位产生的危险。

(8) 由于电源故障、机械零件损坏等产生的危险。

上述两大类共计 16 小类危险程度在不同材料和不同加工方式中的影响程度是不同的，表 1-3 列出了用 CO_2 激光器切割有机玻璃时可能产生危险程度分类。读者可以根据上述方法分析激光焊接、激光打标时可能遇到的主要危险，在激光设备和制定加工工艺时应该采取措施来防范以上这些危险。

表 1-3　CO_2 激光器切割有机玻璃时可能产生危险程度

危险	程度	危险	程度	危险	程度
机械危险	程度一般	辐射产生的危险	程度严重	湿度产生的危险	程度一般
电气危险	程度一般	材料产生的危险	程度严重	外来冲击/振动产生的危险	程度一般
噪声危险	基本没有	设计时产生的危险	程度一般	周围的蒸气、灰尘或其他气体产生的危险	程度一般
热危险	程度严重	温度产生的危险	程度一般	电磁干扰/射电频率干扰产生的危险	程度一般
断电/电压起伏	基本没有	安全措施错误产生的危险	程度一般	失效、零件损坏等产生的危险	程度一般

2. 激光辐射危险分级

激光辐射危险是激光加工时的特有和主要危险，必须重点关注。

评价激光辐射的危险程度是以激光光束对眼睛的最大可能的影响（maximal possible effect，MPE）做标准，即根据激光的输出能量和对眼睛损伤的程度把激光分为 4 类，再根据不同等级分类制定相应的安全防护措施。

国标 GB/T 18490—2001 规定了激光加工设备辐射的危险程度，与国际电工委员会（IEC）的标准（IEC60825）、美国国家标准（ANSIZ136）或其他相关的激光安全标准相同。

根据国际电工技术委员会 IEC60825.1:2001 制定的标准，激光产品可分为下列几类，如表 1-4 所示。

表 1-4　激光辐射危险分级

激光辐射危险分级		输出激光功率	波长范围
1 类	普通 1 级激光产品	小于 0.4 mW	400～700 nm
	1M 级激光产品		
2 类	普通 2 级激光产品	0.4～1 mW	400～700 nm
	2M 级激光产品		
3 类	3A 级激光产品	1～5 mW	302.5～1064 nm
	3B 级激光产品	5～500 mW	
4	4 类激光产品	500 mW 以上	302.5 nm 至红外光

（1）1 类激光产品：1 类激光产品的波长范围为 400～700 nm，输出激光功率小于 0.4 mW，又可以分为普通 1 级和 1M 级激光产品两类。

普通 1 级激光产品不论何种条件下对眼睛和皮肤的影响都不会超过 MPE 值，即使在光学系统聚焦后也可以利用视光仪器直视激光光束，在保证设计上的安全后不必特别管理，又可称无害免控激光产品。

1M 级激光产品在合理可预见的情况下操作是安全的，但若利用视光仪器直视光束，便可能会造成危害。典型的 1 类激光产品有激光教鞭、CD 播放设备、CD-ROM 设备、地质勘探设备和实验室分析仪器等，如图 1-44 所示。

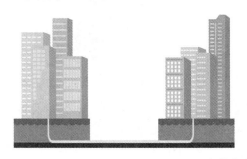

图 1-44　1 类激光产品举例

（2）2 类激光产品：2 类激光产品激光的波长范围为 400～700 nm，能发射可见光，设备激光功率输出在 0.4～1 mW，又可称为低功率激光产品。2 类激光产品也可以分为普通 2 级和 2M 级激光产品两类。人闭合眼睛的反应时间约为 0.25 s，普通 2 级激光产品可通过眼睛对光的回避反应（眨眼）提供足够保护，如图 1-45 所示。

图 1-45　普通 2 级激光产品举例

2M级激光产品的可视激光会导致晕眩,用眼睛偶尔看一下不至造成眼损伤,但不要直接在光束内观察激光,也不要用激光直接照射眼睛,避免用远望设备观察激光。

典型应用如课堂演示、激光教鞭、瞄准设备和测距仪等,如图1-46所示。

(3) 3类激光产品:3类激光产品激光的波长范围为 302.5～1064 nm,为可见或不可见的连续激光,输出激光功率为 1～500 mW 之间,又可称中功率激光产品。3类激光产品分为3A级和3B级产品。

3A级产品为可见光的连续激光,输出为 1～5 mW 的激光光束,光束的能量密度不超过 25 W/mm²,要避免用远望设备观察 3A级激光。3A级激光产品的典型应用和2级激光产品有很多相同之处,这类产品的发射极限不得超过波长范围为 400～700 nm 的2类产品的5倍,在其他波长范围内亦不许超过1类产品的5倍。

3B级产品输出为 5～500 mW 的连续激光,直视激光光束会造成眼损伤,但将激光改变成非聚焦、漫反射时一般无危险,对皮肤无热损伤。3B级激光的典型应用有半导体激光治疗仪、光谱测定和娱乐灯光表演等,如图1-47所示。

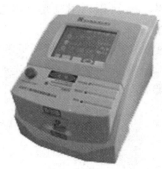

图 1-46 2M 级激光产品举例　　　　　图 1-47 3 类激光产品举例

(4) 4类激光产品:4类激光产品波长范围为 302.5 nm 至红外光,为可见或不可见的连续激光,输出的激光功率大于 500 mW,又可称大功率激光产品。

4类激光产品不但其直射光束及镜式反射光束对眼和皮肤损伤相当严重,其漫反射光也可能给眼造成损伤,并可灼伤皮肤及酿成火警,扩散反射也有危险。

大多数激光加工设备,如激光热处理机、激光切割机、激光雕刻机、激光标记机、激光焊接机、激光打孔机和激光划线机等均为典型的4类激光产品。激光外科手术设备和显微激光加工设备等也属于4类激光产品,如图1-48所示。

1.4.2　激光加工危险防护

1. 激光辐射伤害防护

1) 激光辐射伤害防护主要措施

(1) 操作人员应具备辐射防护知识,配戴与激光波长相适应的防护眼镜,如图1-49所示。

(2) 激光加工设备应具备完善的激光辐射防护装置。

(3) 激光加工场地应具备完善的激光防护装置和措施。

图 1-48 4 类激光产品举例

图 1-49 激光防护眼镜

2）激光防护眼镜类型与选用

激光防护眼镜可全方位防护特定波段的激光和强光，防止激光对眼的伤害。其光学安全性能应该完全满足《激光防护镜生理卫生防护要求标准》(GJB 1762—93)及《RoHS 标准》。

（1）激光防护眼镜类型有以下几种。

① 吸收型激光防护眼镜：吸收型防护眼镜在基底材料 PMMA 或 P.C 中添加特种波长的吸收剂，能吸收一种或几种特定波长的激光，又允许其他波长的光通过，从而实现激光辐射防护。

吸收型防护眼镜只能防护可见光和近红外光谱中极小的一部分，其优点是抗激光冲击能力优良，对激光衰减率较高，表面不怕磨损，即使有擦划，也不影响激光的安全防护，缺点是由于吸收激光能量容易导致本身破坏，同时它的可见光透过率不高，影响观察。

② 反射型激光防护眼镜：反射型激光防护眼镜是在基底上镀多层介质膜，有选择地反射特定波长的激光，而让在可见光区内的其他邻近波长的激光大部分通过。

市面上能够买到的防护眼镜大部分是反射型激光防护眼镜。由于是反射激光，它比吸收型防护眼镜能够承受更强的激光，可见光透过率高，同时激光的衰减率也较高，光反应时间快小于 10^{-9} s；缺点是多层涂膜对激光反射的效果随激光入射角的变化而变化，如果对激光防护要求很高，需要的涂层就会较厚，这对玻璃透光性影响很大。另外，镀的介质层越厚越容易脱落，且脱落之后不易肉眼观察，这是非常危险的。

③ 复合型激光防护眼镜：复合型激光防护眼镜是在吸收式防护材料表面上再镀上反射膜，既能吸收某一波长的激光，又能利用反射膜反射特定波长的激光，兼有吸收式和反射式

两种激光防护眼镜的优点,但可见光透过率相对于反射式材料有很大程度的下降。

④ 新型激光防护材料:新型激光防护材料基于非线性光学原理,主要利用非线性吸收、非线性折射、非线性散射和非线性反射等非线性光学效应来制造激光防护眼镜。

例如,碳—碳高分子聚合物(C_{60})制成的激光防护眼镜,可使透光率随入射光强的增加而降低。又如,全息激光防护面罩是采用全息摄影方法在基片上制作光栅,对特定波长的激光产生极强的一级衍射,是一种新型防护装备。

(2)激光防护眼镜选用的原则及指标。

① 激光防护眼镜的选择原则:选择防护眼镜时,首先根据所用激光器的最大输出功率(或能量)、光束直径、脉冲时间等参数确定激光输出最大辐照度或最大辐照量。而后,按相应波长和照射时间的最大允许辐照量(眼照射限值)确定眼镜所需最小光密度值,并据此选取合适防护眼镜。

② 选择激光防护眼镜的几个指标如下。

● 最大辐照量 $H_{max}(J/m^2)$ 或最大辐照度 $E_{max}(W/m^2)$;

● 特定的激光防护波长;

● 在相应防护波长的所需最小光密度值 OD_{min}。

光密度(optical density,OD),是一个没有量纲的对数值,表示某种材料入射光与透射光比值的对数或者说是光线透过率倒数的对数。计算公式为 OD=lg(入射光/透射光)或 OD=lg(1/透光率),它有 0,1,…,7 个等级,对应的光透过率(或衰减系数)如表 1-5 所示。OD 数值越大,激光防护眼镜的防护能力越强。

表 1-5 光密度、光透过率和衰减系数之间的关系

光 密 度	光透过率/(%)	衰 减 系 数
0	100	1
1	10	10
2	1	100
3	0.1	1000
4	0.01	10000
5	0.001	100000
6	0.0001	1000000
7	0.00001	10000000

● 镜片的非均匀性、非对称性、入射光角度效应等。

● 抗激光辐射能力。

● 可见光透过率 VLT(visible light transmittance):激光防护眼镜的 VLT 数值低于20%,所以激光防护眼镜需要在良好照明的环境中使用,保证操作人员在佩戴激光防护眼镜后视觉良好。

● 结构外形和价格。包括是否佩戴近视眼镜、人员的面部轮廓。

③ 激光防护眼镜实例,如图 1-50 所示。

【产品名称】：激光防护眼镜
【产品型号】：SK-G16
【防护波长】：1064 nm
【光密度OD】：6+
【可见光透过率】：85%
【防护特点】：反射式全方位防护
【适合激光器】：四倍频Nd:YAG激光器、准分子激光器、He-Cd激光器、YAG激光器、半导体激光器

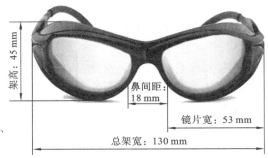

图 1-50　激光防护眼镜实例

3）激光加工设备上的激光辐射防护装置

（1）设备启动/停开关：激光加工设备启动/停开关应该能使设备停止（致动装置断电），同时，或者隔离激光光束，或者不再产生激光光束。

（2）急停开关：急停开关应该能同时使激光光束不再产生并自动把激光光闸放在适当的位置，使加工设备断电，切断激光电源并释放储存的所有能量。

如果几台加工设备共用一台激光器且各加工设备的工作彼此独立无关，则安装在任意一台设备上的紧急终止开关都可以执行上述要求，或者使有关的加工设备停止（致动装置断电），同时切断通向该加工设备的激光光束。

（3）隔离激光光束的措施：通过截断激光光束和/或使激光光束偏离实现激光光束的隔离。实现光束隔离的主要器件有激光光束挡块（光闸）。

（4）激光加工场地激光防护装置和措施。

① 防护要求：在操作激光设备时，排除人员受到 1 类以上激光辐射照射。在设备维护维修时，排除人员受到 3A 级以上激光辐射照射。

② 防护措施：当激光辐射超过 1 类时，应该用防护装置阻止无关人员进入加工区。

用户的操作说明中应该说明要采用的防护类型是局部保护还是外围保护。

局部保护是使激光辐射以及有关的光辐射减小到安全量值的一种防护方法，例如，固定在工件上光束焦点附近的套管或小块挡板。

外围保护是通过远距离挡板（如保护性围栏）把工件、工件支架以及加工设备，尤其是运动系统封闭起来，使激光辐射以及有关的光辐射减小到安全量值的防护方法。

2. 非激光辐射伤害防护

激光加工时的非激光伤害主要有触电危害、有毒气体危害、噪声危害、爆炸危害、火灾危害、机械危害等。

1）触电伤害防护措施

（1）培训工作人员掌握安全用电知识。

（2）严格要求激光设备的表壳接地良好，并定期检查整个接地系统是否真正接地。

（3）不准使用超容量保险丝和超容量保护电路断开器。

（4）检修仪器时注意首先用泄漏电阻给电容器放电。

（5）经常保持环境干燥。

2）防备有毒气体危害的安全措施

（1）激光设备的出光处必须配备有足够初速度的吸气装置，能将加工有害烟雾及时吸掉、抽走并经活性炭过滤后排到室外。

（2）工作室要安排通风排气设备，抽走弥散在工作室内的残余有毒气体。

（3）平时保持工作室通风和干燥，加工场所应具备通风换气条件。

（4）场地排烟系统设计一般规则如下。

① 排烟系统应安装在车间外部。

② 抽风设备应以严密的排风管连接，风管的安装路径愈平顺愈好。

③ 为避免振动，尽量不要使用硬质排风管连至激光加工设备。

3）防备噪声危害的安全措施

（1）采购低噪声的吸气设备。

（2）用隔音材料封闭噪声源。

（3）工作室四壁配置吸声材料。

（4）噪声源远离工作室。

（5）使用隔音耳塞。

4）防备爆炸危害的安全措施

（1）将电弧灯、激光靶、激光管和光具组元件封包起来，且具有足够的机械强度。

（2）正在连续使用中的玻璃激光管的冷却水不能时通时断。

（3）经常检查电解电容器，如果有变形或漏油，则应及时更换。

5）防备火灾危害的安全措施

（1）安装激光设备（尤其是大电流离子激光设备）时，应考虑外电路负载和闸刀负载是否有足够容量。

（2）电路中应接入过载自动断开保护装置。

（3）易燃、易爆物品不应置于激光设备附近。

（4）在室内适当地方备有沙箱、灭火器等救火设施。

6）防备机械危害的安全措施

（1）设备部位不得有尖棱、尖角、锐边等缺陷，以免引起刺伤和割伤危险。

（2）在预定工作条件下，设备及其部件不应出现意外倾覆。

（3）激光系统、光束传输部件应有防护措施并牢固定位，防止造成冲击和振动。

（4）设备的往复运动部件应采取可靠的限位措施。

（5）各运动轴应设置可靠的电气、机械双重限位装置，防止造成滑落的危险。

（6）联锁的防护装置打开时，设备应停止工作或不能启动，并应确保在防护装置关闭前不能启动。例如，成形室的门打开时，设备不能加工，以防止运动部件高速运行时造成冲撞的危险。

（7）在危险性较大的部位应考虑采用多重不同的安全防护装置，并有可靠的失效保护机制。如高温保护措施，光束终止衰减器、挡板、自动停机机构等光机电多重保护装置。

2

激光切割机主要参数测量方法与技能训练

2.1 激光切割与激光切割机

2.1.1 激光切割概述

1. 激光切割原理

激光切割是利用高功率、密度激光光束照射工件使其发生熔化、气化、断裂等现象,从而达到切断材料的目的,如图 2-1 所示。

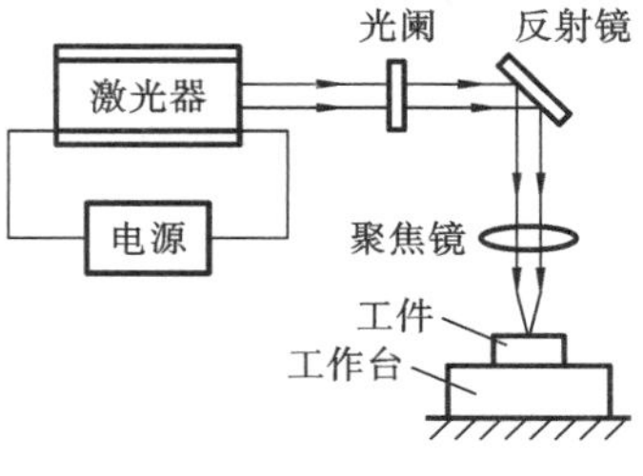

2. 激光切割主要方式分类

(1)气化切割:利用高能量、高密度的激光光束加热工件,材料表面温度快速升至沸点,部分材料气化消失,部分材料从切缝底部被辅助气体吹走、气化形成材料切口。

气化切割多用于极薄金属材料和某些不能熔化的非金属材料,如木材、碳素材料、塑料及橡皮等的切割。

(2)熔化切割:利用高能量、高密度的激光光束加热工件使材料熔化,喷嘴喷吹高压非氧化性气体(如 Ar、He、N_2 等)使熔化材料排出形成材料切口。

图 2-1 激光切割示意图

熔化切割多用于不易氧化的材料或活性金属的切割,如不锈钢、钛、铝及其合金等。

(3)氧化熔化切割:利用高能量、高密度的激光光束为预热热源,喷嘴喷吹高压氧气等活性气体作为切割气体。高压氧气一方面与切割金属发生氧化反应放出大量的氧化热,另一方面把熔融的氧化物和熔化物从反应区吹出、形成材料切口。

氧化熔化切割多用于碳钢、钛钢以及热处理钢等易氧化的金属材料。

(4)控制断裂切割:利用高能量密度的激光光束在脆性材料上产生大的热梯度和严重的机械变形,并受热蒸发形成一条小槽,然后施加一定的外力使脆性材料沿小槽断裂形成材料切口。

控制断裂切割多用于陶瓷和圆晶的划片。

2.1.2 激光切割机系统组成

1. 激光切割机总体结构

1) 总体结构概况

(1) 正面整体结构:某台 CO_2 激光切割机正面整体结构如图 2-2 所示。

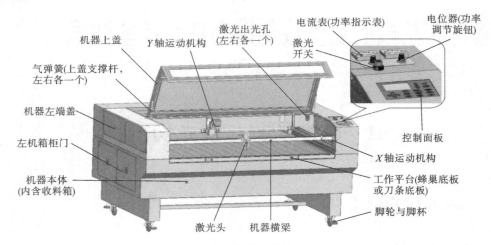

图 2-2 CO_2 激光切割机整体结构(正面)

(2) 背面整体结构:某台 CO_2 激光切割机背面整体结构如图 2-3 所示。

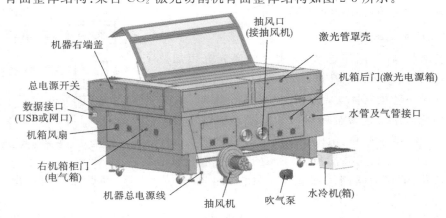

图 2-3 CO_2 激光切割机整体结构(背面)

2) 总体结构分类

按照激光切割头与工作台相对移动的方式,激光切割机可分为光束固定形式(即定光路)、光束移动形式(即飞行光路)和混合光路(半固定半移动混合形式)三种类型。

(1) 光束固定式:光束固定式切割机在切割过程中切割头固定不动,工作台位置沿 X、Y 方向移动,如图 2-4 所示。

(2) 光束移动式:在切割过程中,光束移动式切割机的切割头沿 X、Y 方向移动,工作台位置固定不动,所以加工尺寸大、设备占地面积小,工件无需夹紧,是主流的切割机机型。

光束移动式切割机最常见的是悬臂结构和龙门结构,图 2-5(a)是 *X-Y-Z* 轴悬臂结构光束移动式激光切割机示意图,图 2-5(b)是 *X-Y-Z* 轴龙门结构光束移动式激光切割机示意图。

图 2-6(a)和(b)是两种 *X-Y* 轴平面光束移动式激光切割机器件组成示意图。图(a)和(b)的区别在于电机的安装位置以及运动部件的配置有所不同,后者加工幅面比前者大一些。

图 2-4 光束固定式激光切割机

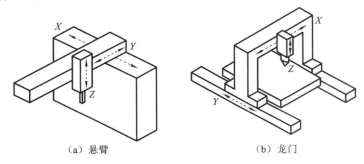

（a）悬臂   （b）龙门

图 2-5 *X-Y-Z* 光束移动式激光切割机示意图

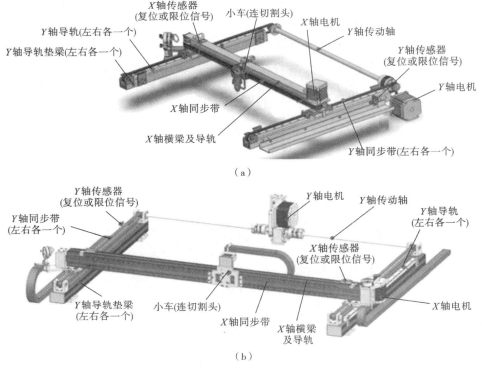

（a）

（b）

图 2-6 *X-Y* 光束移动式激光切割机示意图

2. 激光切割机的激光器

1）YAG 固体激光器

YAG 固体激光器波长为 1.06 μm，不能切割非金属材料，输出功率一般在 800 W 以下，主要用于打孔及薄板的切割，可以有脉冲或连续两种作用方式。

主要优点：能切割铝板、铜板以及大多数有色金属材料，价格便宜，使用成本低。

主要缺点：只能切割 8 mm 以下的材料，且切割效率较低。

市场定位：8 mm 以下金属材料切割。

2）光纤激光器

光纤激光器波长为 1.06 μm，能切割非金属材料，光电转化率高达 25%。

主要优点：割缝精细，柔性化程度高，切割 4 mm 以内薄板优势明显。

主要缺点：价格昂贵，切割时由于割缝很细，耗气量巨大，难于切割铝板、铜板等高反射材料，在切割厚板时速度很慢。

市场定位：厚度 12 mm 以下薄板的高精密切割，随着 5000 W 及以上功率光纤激光器的出现，光纤激光器最终会取代大部分大功率 CO_2 激光器。

3）CO_2 激光器

CO_2 激光器的波长为 10.6 μm，可以切割木材、亚克力、PP、有机玻璃等非金属材料和大部分不锈钢、碳钢及铝板等金属材料。

主要优点：由于 CO_2 激光器是连续激光，切割断面效果最好。

主要缺点：价格昂贵，维护费用也高，使用成本很高。

市场定位：6～25 mm 的中厚板切割加工。

3. 激光切割机激光导光及聚焦系统

（1）激光导光聚焦系统功能：在激光加工过程中，激光导光及聚焦系统根据加工条件、被加工件的形状以及加工要求，将不同的激光光束导向和聚焦在工件上，实现激光光束与工件的有效结合。

（2）激光导光及聚焦系统组成：小型 CO_2 激光切割机激光导光及聚焦系统由全反镜组成的导光系统和聚焦镜组成的聚焦系统组成，如图 2-7 所示。

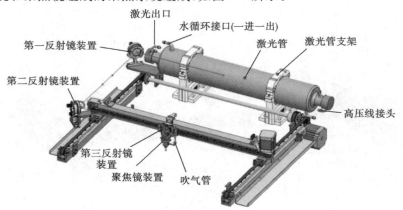

图 2-7 小型 CO_2 激光切割机激光导光及聚焦系统

4. 激光切割机控制系统

（1）控制系统组成：激光切割机控制系统的主要控制对象由激光器、运动机构中的步进电动机驱动器、吹排气风机及冷水机等组成，如图 2-8 所示。

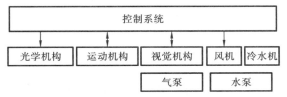

图 2-8　激光切割机控制系统组成

（2）控制系统软件及硬件组成：控制系统硬件由工控机、控制面板、主控制卡、接口板、驱动器、步进电动机等组成，如图 2-9 所示。

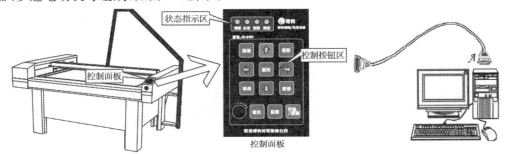

图 2-9　控制系统硬件组成

主控制器接收计算机和面板操作控制命令，完成控制电动机运行、控制激光发生系统、监测提示各种控制状态的工作。

控制面板包括开始、激光高压、复位、手动出光、暂停、方向等按钮及状态指示灯和激光能量调节器。

控制系统软件支持各种通用图形软件生成的 PLT、BMP、DXF 文件格式，采用矢量与点阵混合工作模式，可以完成雕刻、切割工作。

5. 激光切割机传感与检测系统案例

（1）X 轴正、负行程限位系统如图 2-10 所示。

（2）机器视觉机构：机器视觉机构示意图如图 2-11 所示。

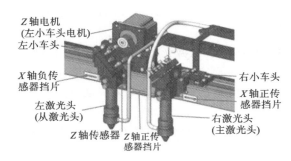

图 2-10　X 轴正、负行程限位系统示意图

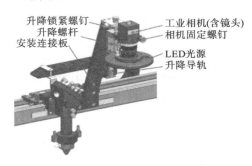

图 2-11　机器视觉机构示意图

6. 激光切割机冷却与辅助系统

激光切割机冷却与辅助系统由排风机、吹气泵、冷水机、切割平台等冷却及辅助附件组成。

（1）切割平台：切割平台有两种，一种是蜂巢状平台，适合于加工布料、皮革等柔软材料，如图 2-12(a)所示；另一种为刀条平台，适应于加工有机玻璃、厚板材等硬质材料，如图 2-12(b)所示。部分对吸附要求较高的设备配有真空吸附平台。

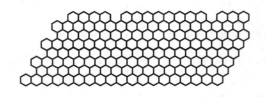

　　　　（a）蜂巢状平台　　　　　　　　　　　　（b）刀条状平台

图 2-12　切割平台示意图

（2）排风机用来保持抽风、排烟通畅。

（3）当环境温度大于最大允许值 35 ℃时，设备运行稳定性降低。

（4）冷却水泵用来保证冷却水水温不大于最大允许值 30 ℃。

2.2　激光光束参数测量知识与方法

2.2.1　激光光束参数基本知识

激光光束参数测量是激光技术中的一个重要方面，也是激光设备开发、生产和应用中的一项基础工作。

1. 激光光束参数

激光光束参数可以分为时域、空域和频域特性参数三大类。

（1）激光光束时域特性参数：激光光束时域特性参数包括脉冲波形、峰值功率、重复功率、瞬时功率、功率稳定性等。对激光加工设备而言，激光的峰值功率是最为重要的时域特性参数。

（2）激光光束空域特性参数：激光光束空域特性参数包括激光光斑直径、焦距、发散角、椭圆度、光斑模式、近场和远场分布等。对激光加工设备而言，光斑直径、焦距和光斑模式是最为重要的空域特性参数，激光加工设备制造和使用厂家在进行设备安装调试时常常要测量该类参数。

（3）激光光束频域特性参数：激光光束频域特性参数包括波长、谱线宽度和轮廓、频率稳定性和相干性等。对激光加工设备而言，频域特性参数由生产激光器的设备厂家提供，激光加工设备制造和使用厂家一般自己不做测量。

2. 激光光束空域特性参数概述

（1）高斯光束：理论和实际检测都证明，稳定腔激光器形成的激光光束是振幅和相位都在变化的高斯光束，如图 2-13 所示。

激光加工设备中一般希望得到稳定的基模（TEM_{00}）高斯光束。

（2）基模高斯光束光斑半径 r：基模（TEM_{00}）高斯光束的振幅在横截面上按高斯函数所描述的规律从中心向外边缘减小，在离中心的距离为 r 处的振幅降落数值为中心处数值的 $1/e$。

我们定义 r 为基模光斑半径，理论上可以证明数值为：

$$r = \sqrt{x^2 + y^2} = \sqrt{\frac{L\lambda}{\pi}} \tag{2.1}$$

上式表明，基模高斯光束某一横截面上的光斑半径 r 只与腔长 L 和激光波长 λ 有关。

（3）基模高斯光束传播规律：基模高斯光束光斑半径 r 会随传播距离 z 的变化按照双曲线规律变化，可以用发散角 θ 来描述高斯光束的光斑直径沿传播 Z 方向的变化趋势，如图 2-14 所示。

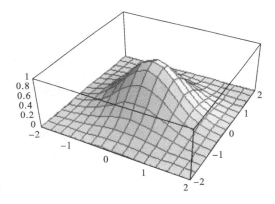

图 2-13　基模（TEM_{00}）高斯光束振幅示意图

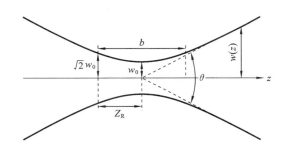

图 2-14　高斯光束传播示意图

当 $z = 0$ 时，发散角 $\theta = 0$，光斑半径最小，此时称为高斯光束的"束腰"半径，"束腰"半径小于基模光斑半径。

当 z 为光束准直距离 Z_R 时，发散角 θ 数值最大。

当 z 为无穷远时，发散角 θ 数值将趋于一个定值，称为远场发散角。

可以在许多激光器的使用手册上查到某类激光器的基模光斑半径、准直距离、远场发散角 θ 等数据。

（4）基模高斯光束聚焦强度：理论上可以证明，若激光光路中聚焦镜的直径 D 为高斯光束在该处的光斑半径 $w(z)$ 的 3 倍，激光光束 99％ 的能量都将通过此聚焦镜聚焦在激光焦点上，获得很高的功率密度，所以，激光加工设备的聚焦镜直径不大，焦点处的激光光束功率密度却很高。

脉冲激光光束功率密度可达 $10^8 \sim 10^{13}$ W·cm^{-2}，连续光束功率密度也可达 $10^5 \sim 10^{13}$ W·cm^{-2}，满足了材料加工对激光功率的要求。

（5）基模高斯光束焦点：激光光束经过透镜聚焦后，其光斑最小位置称为激光焦点，如图

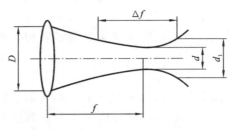

图 2-15　激光焦点图示

2-15 中的 d 所示。

焦点光斑直径 d 数值可以由以下公式粗略计算

$$d = 2f\lambda/D$$

式中：f 为聚焦镜的焦距；D 为入射光束的直径；λ 为入射光束的波长。

由此可以看出，焦点的光斑直径 d 与聚焦镜焦距 f 和激光波长 λ 成正比，与入射光束的直径 D 成反比，减小焦距 f 有利于缩小光斑直径 d。但是 f 减小，聚焦镜与工件的间距也缩小，加工时的废气废渣会飞溅黏附在聚焦镜表面，影响加工效果及聚焦镜的寿命，这也是大部分激光加工设备要使用扩束镜的原因。

如果导光及聚焦系统能设计为 $f/D \approx 1$，则焦点光斑直径可达到

$$d = 2\lambda$$

这说明基模高斯光束经过理想光学系统聚焦后，焦点光斑直径可以达到波长的两倍。

（6）基模高斯光束聚焦深度：焦点的聚焦深度是该点的功率密度降低为焦点功率密度一半时该点离焦点的距离，如图 2-15 中的 Δf 所示。

聚焦深度 Δf 可以由以下公式粗略计算：

$$\Delta f = 4\lambda f^2/(\pi D^2)$$

由此可以看出，聚焦深度 Δf 与激光波长 λ 和透镜焦距 f 的平方成正比，与入射到聚焦镜表面上的光斑直径的平方成反比。

综合来看，要获得聚焦深度较深的激光焦点，就要选择较长焦距的聚焦镜，但此时聚焦后的焦点光斑直径也相应变粗，光斑大小与聚焦深度是一对矛盾，在设计激光导光及聚焦系统时，要根据具体要求合理选择。

3. 激光光束时域特性参数概述

1）脉冲激光波形和脉宽

（1）激光波形：图 2-16 所示的是重复频率为 1 Hz 时测量到的某一类灯泵浦脉冲激光器在调 Q 前和调 Q 后的激光波形。

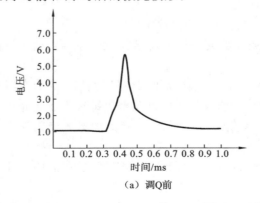

（a）调Q前

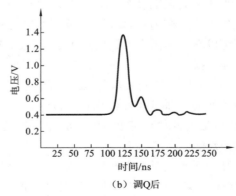

（b）调Q后

图 2-16　脉冲激光波形

（2）重复频率：重复频率是脉冲激光器单位时间内发射的脉冲数，如重复频率 10 Hz 就是指每秒钟发射 10 个激光脉冲。

（3）脉冲宽度：脉冲激光器脉宽是脉冲宽度的简称，可以简单理解为每次发射一个激光脉冲时的激光脉冲的持续时间。激光脉冲脉宽因激光器的不同而不同，从图 2-16（a）可以看出，调 Q 前激光脉冲的持续时间约为 0.1 ms，调 Q 后激光脉冲的持续时间约为 20 ns，只相当于原来时间的 1/5000，如果不考虑功率损失，调 Q 后的激光峰值功率提高了近 5000 倍。

脉冲激光器脉宽可以在很大范围内变化，长脉冲激光器脉宽在毫秒级，短脉冲激光器脉宽在纳秒级，超短脉冲激光器脉宽在皮秒和飞秒级。

各类脉冲激光器在工业部门都有不同的应用，如图 2-17 所示。

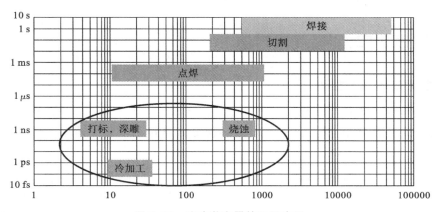

图 2-17 脉冲激光器的不同应用

2）激光功率与能量

激光功率与能量是表明激光有无和强弱的两个相互关联的名词。

（1）脉冲激光器单脉冲能量：脉冲激光器以重复频率发射激光，激光强弱以每个激光脉冲做功的能量大小来度量比较直观和方便，单位是焦耳（J），即每个脉冲做功多少焦耳。

（2）连续激光器功率：连续激光器连续发光，激光强弱以每秒钟做功多少焦耳来度量比较直观和方便，单位是瓦特（W），即单位时间内做功多少。

（3）激光功率与能量换算：瓦和焦耳的关系是 1 W=1 J/s，所以激光功率与能量是可以相互换算的。

例如，一台脉冲激光器，单次脉冲能量是 1 J，重复频率是 50 Hz（即每秒钟发射激光 50 次），每秒钟做功的平均功率为 50×1 J=50 J，平均功率就可以换算为 50 W。

对脉冲激光器而言，计算每个激光脉冲的峰值功率更有实际意义，它是每次脉冲能量与激光脉宽之比。

例如，一台脉冲激光器，脉冲能量是 0.14 mJ/次，重复频率是 100 kHz（即每秒钟发射激光 10^5 次），每秒钟做功的平均功率为 0.14 mJ×10^5=14 J，平均功率为 14 W。若脉宽为 20 ns，峰值功率为 0.14 mJ/20 ns=7000 W，可以看出，脉冲激光器的峰值功率要比平均功率大得多。

在激光加工设备的制造和使用中，有时既要计算脉冲激光的峰值功率，也要计算脉冲激光的平均功率。

例如，某台脉冲激光器所使用的 ZnSe 镜片激光损伤阈值是 500 MW/cm²，脉冲激光器脉冲能量是 10 J/cm²,脉宽 10 ns,重复频率为 50 kHz,平均功率密度为 10 J/cm² × 50 kHz = 0.5 MW/cm²,峰值功率密度为 10 J/cm²/10 ns = 1000 MW/cm²,从激光器的平均功率看,该镜片是不会损伤的,但从峰值功率看是大于该镜片的激光损伤阈值的,所以镜片不能用于此脉冲激光器。

4. 激光光束频域特性参数概述

激光光束频域特性参数包括波长、谱线宽度和轮廓、频率稳定性和相干性等,在前面的激光知识中已经做了介绍,这里不再赘述。

激光光束频域特性参数测量一般在科研院所研制新型激光器之类的工作中才可能用到,一般激光加工设备制造和使用厂家很少用到,这里不再赘述。

2.2.2 激光功率/能量测量方法

1. 激光功率/能量测量知识

1) 功率/能量测量方法

(1)直接测量法:直接测量法采用光-热转换方式直接获取激光功率/能量测量数据,如图 2-18 所示。

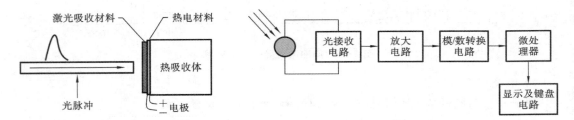

图 2-18 光-热激光功率/能量探头示意图   图 2-19 光-电激光功率/能量探头示意图

测量时激光照射在全吸收型激光功率探头/能量探头上,探头是一个涂有热电材料的吸收体,热电材料吸收激光能量并转化成热量,导致探头温度变化产生电流,电流再转变成电压信号,对应着吸收体的温升从而得到激光功率/能量值。

直接测量法测量精度高但响应时间长,难于用作实时监测。

(2)间接测量法:间接测量法采用光-电转换方式间接获取激光功率/能量测量数据,如图 2-19 所示。

测量时激光照射在光电式探头上让激光信号转换为电流信号,再转化为与输入激光功率/能量成正比的电压信号,从而得到激光功率/能量值。

间接测量法测量灵敏度高、响应速度快,但适用范围窄。

2) 功率/能量测量装置

激光功率/能量测量装置是由探头和功率计/能量计组成,如图 2-20 所示。功率/能量测量的主要区别是使用了不同的功率探头/能量探头和功率计/能量计。

激光功率探头有热电堆型、光电二极管型以及包含两种传感器的综合探头,激光能量探头有热释电传感器和热电堆传感器探头。

为了避免强激光的损害,激光功率/能量测试时探头前还可以选配各种形式的衰减器。

2. 激光功率/能量测量训练

1)探头选择方法

(1)适用能量范围:选择探头首先应该考虑探头适用能量范围,热电探测器工作在毫焦到上千焦量级,热释电探测器工作在微焦到几百毫焦量级,光电探测器工作在微焦以下。

(2)工作频率:热电探测器适用单脉冲激光,热释电探测器适用低频重复脉冲激光,光电探测器适用各种频率脉冲激光。

(3)光谱响应:热电和热释电探测器具有宽光谱响应,并在一定的波长范围保持一致,光电探测器会因激光波长不同而具有不同响应灵敏度。

(4)激光损伤阈值:高功率连续激光和高峰值功率的短脉冲或重复频率的脉冲激光均会对探头造成损伤,激光功率/能量测量时需要同时考虑激光的峰值功率损伤阈值和激光能量损伤阈值,并且需对特定的测试进行激光功率密度或能量密度计算。

(5)光斑直径:激光光斑直径与激光探头口径应当尽量对应。

2)激光功率计/能量计界面功能简介

(1)激光功率计前面板主要按键功能,如图 2-21 所示。

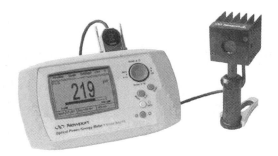

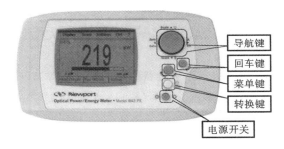

图 2-20 激光功率计/能量计与探头的连接 　　图 2-21 理波 842-PE 激光功率计前面板主要按键

(2)激光功率计/能量计实时主界面菜单,如图 2-22 所示。

实时主界面菜单可以看到被测量激光波长、量程、激光功率等数据。

(3)激光功率计/能量计脉冲能量等级预置下拉菜单,如图 2-23 所示。脉冲能量等级预置界面可以设置从 100 μJ～100 J 的范围。

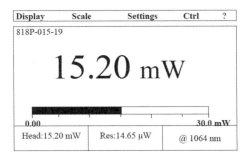

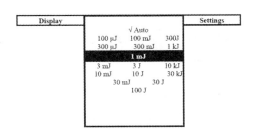

图 2-22 激光功率计/能量计实时主界面菜单 　　图 2-23 脉冲能量等级预置下拉菜单

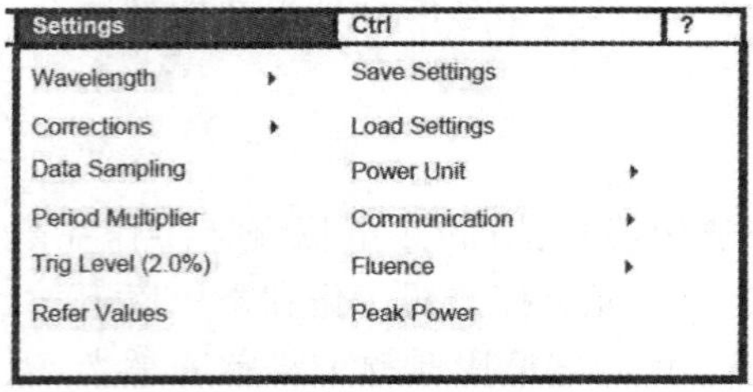

Settings	Ctrl	?
Wavelength ▶	Save Settings	
Corrections ▶	Load Settings	
Data Sampling	Power Unit ▶	
Period Multiplier	Communication ▶	
Trig Level (2.0%)	Fluence ▶	
Refer Values	Peak Power	

图 2-24 参数设置下拉菜单界面

（4）激光功率计/能量计参数设置下拉菜单界面,如图 2-24 所示。激光功率计/能量计参数设置下拉菜单界面上可以设置的参数很多,这里不作详细介绍。

3）激光能量测量基本步骤

（1）开启激光能量计,预热,进入主界面,选定测试激光对应的波长,预置激光最大能量。

（2）能量计探头对准激光出光口。

（3）选择激光设备重复频率,一般为 1 Hz,选择激光出光参数,测量激光单脉冲能量。

（4）记录单脉冲能量,计算给定脉宽下的激光峰值功率是否满足要求。

4）激光功率测量基本步骤

激光功率测量步骤与激光能量测量步骤基本一致。

（1）开启激光功率计,预热,进入主界面,选定测试激光对应的波长,预置激光最大功率。

（2）功率计探头对准激光出光口。

（3）选择激光设备连续出光方式和出光参数,测量平均功率。

（4）记录各参数,完成激光功率的测试。

2.2.3 激光光束焦距确定方法

1. 激光光束焦点位置的理论计算方法

在激光加工设备的光路系统中,激光光束焦点离聚焦镜的距离理论上可以由下列公式确定:

$$l_2 = f + (l_1 - f)\frac{f^2}{(l_1 - f)^2 + \left(\frac{\pi w_0^2}{\lambda}\right)^2}$$

式中:l_2 为激光焦点离聚焦镜的距离,即激光束焦距（见图 2-25）;f 为聚焦镜的焦距;w_0 为激光光束入射聚焦镜前的束腰半径;l_1 为激光光束入射聚焦镜前离聚焦镜的距离;λ 为激光光束波长。

在通常情况下,由于 $l_1 > f$,所以激光光束焦距和聚焦镜的理论焦距在数值上很接近,即 $l_2 \approx f$。

2. 不同工艺方法与加工工件的焦点（焦平面）位置

在激光加工中,激光光束焦点（焦平面）位置与加工工件的相对位置主要有以下几种关系,如图 2-26 所示。

（1）正离焦:焦点（焦平面）位于工件上面;

（2）负离焦:焦点（焦平面）位于工件里面;

（3）零离焦:焦点（焦平面）位于工件表面。

不同的工艺方法的离焦方式各不相同,相同的工艺方法的离焦方式也各不相同,如表 2-1 所示。

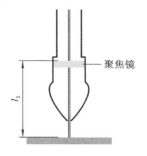

图 2-25　激光光束焦距示意图

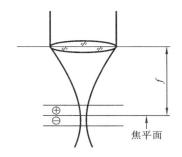

图 2-26　焦点(焦平面)位置与加工工件的相对位置关系

表 2-1　不同工艺方法的离焦方式

序号	工艺方法	可选择离焦方式		
		正离焦	负离焦	零离焦
1	激光打标			√
2	激光焊接	√	√	√
3	激光切割	√	√	√
4	激光内雕		√	
5	激光增材制造	√	√	√

3. 激光切割时焦点位置实际确认方法

(1) 调焦目的:使激光光束焦点(焦平面)会聚在打标工件表面位置,即零离焦。

(2) 调焦方法:在连续打标的同时调节自动升降 Z 轴主梁快速上升和下降粗调焦点(焦平面),再通过微调手轮细调焦点(焦平面)。

(3) 焦点确认:激光光束亮度最强、打标声音最大时即为焦点(焦平面)。

2.2.4　激光光束聚焦深度确定方法

1. 激光光束焦深的理论计算方法

在激光加工设备的光路系统中,激光光束聚焦深度是指光轴上某点的光强降低至焦点处的光强一半时,该点至焦点的距离,如图 2-27 所示。聚焦深度理论上可以由下列公式确定:

$$z = \frac{\lambda f^2}{\pi w_1^2}$$

式中:λ 为激光波长;f 为聚焦镜焦距;w_1 为激光光束入射到聚焦透镜表面上的光斑半径。

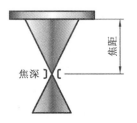

图 2-27　焦深位置与加工工件的相对位置关系

由上式可见：聚焦深度与激光波长 λ 和透镜焦距 f 的平方成正比，与入射到聚焦透镜表面上的光斑半径的平方成反比。

2. 不同工艺方法与聚焦深度的选择

在深孔激光加工、厚板激光切割、厚板激光焊接中，要减少锥度，需要较大的聚焦深度，要选长聚焦透镜。

3

激光切割机主要器件连接知识与技能训练

3.1 激光切割机常用激光器知识

3.1.1 CO_2激光器与控制方式

1. CO_2激光器工作原理

1）CO_2激光器概述

CO_2激光器以CO_2气体为工作物质，为了延长器件的工作寿命及提高输出功率，还加入N_2、He、Xe、H_2、O_2等其他辅助气体于放电管中与工作物质相混合。当在放电管电极上加上适当的电源激励后就可以释放出激光。

CO_2激光器有一些比较突出的优点：

（1）它有比较大的功率和比较高的能量转换效率。普通CO_2激光器可有几十、上百瓦的连续输出功率，横流CO_2激光器可有几十万瓦的连续输出，这远远超过了其他气体激光器，脉冲输出的CO_2激光器能量和功率上也可与固体激光器媲美。

CO_2激光器的能量转换效率最高可达$30\%\sim40\%$，超过了一般的气体激光器。

（2）CO_2激光器在$10~\mu m$附近有几十条谱线的激光输出，有利于各类材料加工。

（3）它的输出波长正好是大气窗口（即大气对这个波长的透明度较高），有利于它在大气中的传播。

CO_2激光器还具有输出光束的光学质量高、相干性好、线宽窄、工作稳定等优点，因此在激光打标、切割、打孔等材料加工中得到普遍应用。

在激光切割中，中小功率CO_2激光器主要用于非金属材料切割，大功率CO_2激光器主要用于金属材料切割。CO_2激光器还有激光不易被铜、铝等高反射有色金属材料吸收，占地面积大，一次性成本投入高等缺点。

2）CO_2激光器激励方式

CO_2激光器主要采用电激励。

按照电源工作频率的高低,CO_2 激光器的电激励方式可分为直流(DC)激励、交流高频(HF)激励、射频(RF)激励和微波(MW)激励等几种方式。

各种电激励方式都有其优缺点,性能比较如表 3-1 所示。

表 3-1　不同电激励方式的 CO_2 激光器性能比较

电源类型	直流(DC)	高频(HF)	射频(RF)	微波(MW)
	电阻限流	20 kHz～150 kHz	1 MHz～150 MHz	>1 GHz
器件体积	最差	一般	好	好
光电转化率	最差	一般	好	好
重复精度	好	好	好	好
放电电压	最差	一般	好	最好
器件寿命	最差	好	最好	好
注入功率密度	最差	好	好	最好
最大功率	最好	一般	好	差
脉冲输出	最差	好	好	好
稳定性	最差	好	好	最好
屏蔽要求	最好	一般	差	差
成本	最好	好	差	好
技术要求	最好	好	一般	最差

2. 激光切割用中、小功率 CO_2 激光器

1) 封离型纵向电激励 CO_2 激光器

(1) 基本结构及功能。封离型纵向电激励 CO_2 激光器结构由玻璃激光管、电极以及谐振腔等几部分组成,如图 3-1 所示。

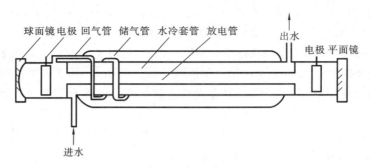

球面镜 电极 回气管 储气管 水冷套管 放电管　出水　电极 平面镜

进水

图 3-1　封离型纵向电激励 CO_2 激光器示意图

硬质玻璃制成的激光管采用层套筒式结构,最里层是放电管,第二层是水冷套管,最外层是储气管。

工作物质 CO_2 气体被封离在放电管内,单位放电长度可输出的功率较低,一般输出功率都低于 200 W。

　　放电管的两端都与储气管连接,储气管的一端有一小孔与放电管相通,另一端经过螺旋形回气管与放电管相通,这样就可使气体在放电管与储气管中循环流动,随时交换。水冷套管的作用是冷却工作气体,防止放电管受热炸裂,使输出功率保持稳定。储气管的作用有两个:一是减小放电过程中工作气体成分和压力的变化;另外是增强放电管的机械稳定性。回气管是连接阴极和阳极两空间的细螺旋管,可改善由电泳现象造成的极间气压的不平衡分布。电极分为阳极和阴极,材质一般采用镍电极,面积大小由放电管内径和工作电流确定,位置与放电管同轴。

　　谐振腔是由全反镜和输出镜组成。中、小功率 CO_2 激光器全反镜采用镀金玻璃镜,金膜对波长为 $10.60~\mu m$ 的激光有很高的反射率且化学性质稳定,但玻璃基板导热性能差,所以大功率的 CO_2 激光器常用金属反射镜,如在抛光的无氧铜、不锈钢基板上镀金反射镜。

　　输出镜通常采用能透射波长为 $10.6~\mu m$ 的材料作基底,并镀上多层介质膜控制透射率,以达到最佳耦合输出。

　　激光管功率有 15 W、25 W、40 W、60 W、80 W 等,长度在 $400 \sim 1600~mm$ 之间。

　　(2) 安装调试注意事项如下。

　　① 激光管电极线的＋、一极切勿接错。

　　② 激光管安装时的两个支承点要在激光管总长 1/4 以上。

　　③ 激光管使用前必须判断水循环是否正常且无气泡。使用时先接通冷却水,采用低进高出原则调整出水管位置。冷却水采用蒸馏水或纯净水,并且要经常注意冷却水水温控制在 $25 \sim 30~℃$ 范围。

　　④ 工作过程中避免烟雾溅射到输出窗口表面造成功率下降,可用脱脂棉蘸无水酒精轻轻擦拭输出窗口外表面。

　　⑤ 高压电极附近要保持干燥,尽可能远离金属以防高压打火放电。

　　⑥ CO_2 激光器可以采用开环和闭环两种控制方式,根据切割机的具体配置确定。

　　2)射频激励 CO_2 激光器结构

　　COHERENT(相干)和 SYNRAD(新锐)是两家全球领先的射频激励 CO_2 激光器提供商。我们以 SYNRAD 48-1 射频激励 CO_2 激光器来介绍射频激励 CO_2 激光器结构。

　　(1) SYNRAD 48-1 射频激励 CO_2 激光器产品外观。图 3-2 是 SYNRAD 48-1 射频激励 CO_2 激光器产品外观图,图 3-3 是外观示意图。由图中可以看出,SYNRAD 48-1 是风冷激光器,在其前面、后面和侧面有各类端口、指示灯和开关,使用时必须正确连接。

　　(2) SYNRAD 48-1 射频激励 CO_2 激光器前面端口识别。

　　① 内置红光电源:激光器内部提供一个 5 V/100 mA 的电源,可以供给半导体红光指示器使用。

　　② 激光输出窗口:在激光输出窗口的光斑是方形,大约距窗口 1 m 处变为圆形。

　　③ 手动光闸:激光开启时应打开手动光闸,否则无激光输出。激光器长期不使用时应关闭光闸,使激光器内部不进灰尘。

　　(3) SYNRAD 48-1 射频激励 CO_2 激光器侧面端口识别。

　　① 激光器外壳:做成栅格状,有利于散热。

　　② 电源连接线:激光器电源输入线,红色为电源正极,黑色为电源负极。电源为 $30 \sim 32$

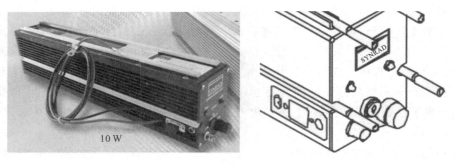

图 3-2 SYNRAD 48-1 射频激励 CO_2 激光器外观图

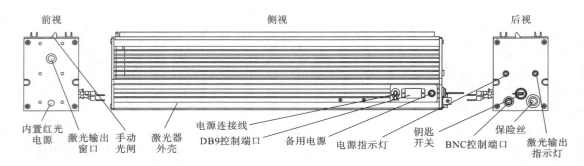

前视 侧视 后视

内置红光电源　激光输出窗口　手动光闸　激光器外壳　电源连接线　DB9控制端口　备用电源　电源指示灯　钥匙开关　BNC控制端口　保险丝　激光输出指示灯

图 3-3 SYNRAD 48-1 射频激励 CO_2 激光器外观示意图

V 直流电源,激光器额定电流不得小于 7 A。

③ DB9 控制端口:DB9 控制端口主要用来输入和输出外接信号,主要是开关信号,如钥匙开关、行程开关、光电开关等以实现激光器的自动控制。

④ 备用电源:提供一个 30 V@350 mA 的电源,以供给 UC-2000 控制器使用,UC-2000 控制器是 SYNRAD 公司用来测试激光器的专用控制器。

(4) SYNRAD 48-1 射频(RF)激励 CO_2 激光器后面端口识别。

① 电源指示灯:当钥匙开关旋至 ON 位置时,电源指示灯亮(绿色),表示激光器内部电路供电正常。

② 钥匙开关:钥匙开关用来开启、关闭以及复位激光器。当钥匙开关处于 ON 位置时,钥匙不能拔出。

③ BNC 控制端口:用来接收激光器的外部射频控制信号,当信号为＋5 V 持续输入时,激光器处于连续输出状态。当信号为 0 V 输入时,激光器处于关闭状态。

3. 激光切割用大功率 CO_2 激光器

1) 横流 CO_2 激光器

横流 CO_2 激光器的气体流动方向垂直于谐振腔的轴线,输出功率高,光束质量低,价格也较低,主要用于材料的表面处理。

横流 CO_2 激光器可以采用直流(DC)激励和高频(HF)激励两种方式,激励电极置于平行于谐振腔轴线的等离子体区两边。

图 3-4 是直流(DC)激励横流 CO_2 激光器示意图,图 3-5 是高频(HF)激励横流 CO_2 激光

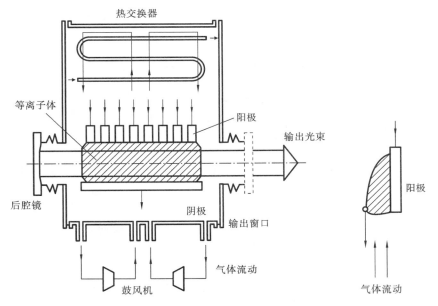

图 3-4 直流(DC)激励横流 CO_2 激光器示意图

器示意图。

2)轴流及轴快流 CO_2 激光器

轴流 CO_2 激光器气体的流动方向是沿着谐振腔的轴线方向,输出功率范围从几百瓦到 20 kW,光束质量较好,是激光焊接常用的 CO_2 激光器之一,如图 3-6 所示。

轴快流 CO_2 激光器利用鼓风机或涡轮风机实现气体快速轴向循环冷却,在实际加工中应用得更多。

轴快流 CO_2 激光器可以采用直流(DC)激励和射频(RF)激励两种方式。

图 3-7 是直流(DC)激励轴快流 CO_2 激光器结构示意图,高压直流电源是激励源,电极位

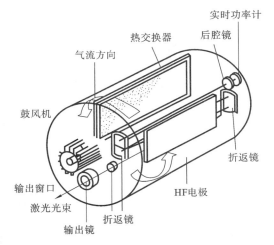

图 3-5 高频(HF)激励横流 CO_2 激光器示意图

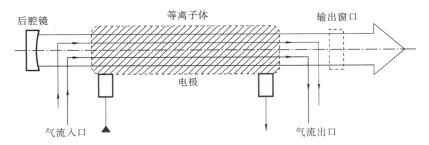

图 3-6 轴流 CO_2 激光器示意图

于放电管内。图 3-8 是射频(RF)激励轴快流 CO_2 激光器结构示意图,射频电源是激励源,电极位于放电管外。

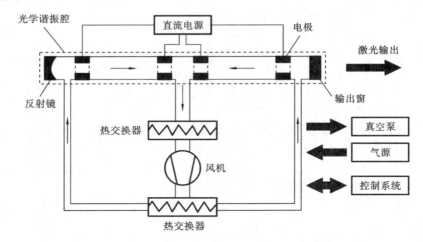

图 3-7 直流(DC)激励轴快流 CO_2 激光器示意图

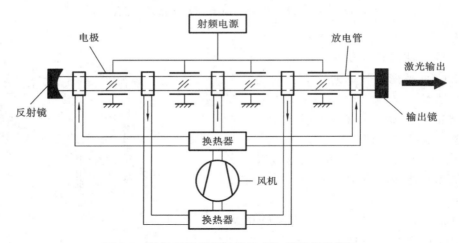

图 3-8 射频(RF)激励轴快流 CO_2 激光器示意图

两种激光器在结构上大体相同,都是由放电管、谐振腔、激励电源、高速风机和热交换器组成的,通过风机工作气体在循环系统中进行高速流动,气流方向和激光器输出方向一致。轴快流 CO_2 激光器光束质量好,转换效率高,可实现连续、脉冲和超脉冲激光输出。

3) 板条式扩散冷却 CO_2 激光器

板条式扩散冷却 CO_2 激光器是气体封闭射频(RF)激励激光器,气体放电发生在两个面积比较大的铜电极之间并采用水冷方式来冷却电极散热,能得到相对较高的输出功率密度且激光光束质量高,如图 3-9 所示。

板条式扩散冷却 CO_2 激光器的原始输出光束为矩形,需要在外部通过一个水冷反射光束整形器件整形为一个圆形对称的激光光束。

板条式扩散冷却 CO_2 激光器不必像气体流动式 CO_2 激光器那样时时注入新鲜的激光工

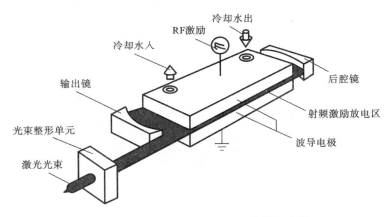

图 3-9 板条式扩散冷却 CO_2 激光器示意图

作气体,而是将一个约 10 L 的圆柱形容器安装在激光头中来储藏激光工作气体,通过外部的激光气体供应装置和气体储气交换器就可以持续工作一年以上。

3.1.2 光纤激光器与控制方式

1. 光纤激光器基本结构

光纤激光器主要由三大部分组成:第一,能产生光子的掺稀土离子光纤,它既是光纤激光器的工作物质,又可以作为增益介质承担着谐振腔的部分功能;第二,由半导体激光器产生的泵浦光源,又称种子光源,它从光纤激光器的左边腔镜耦合进入光纤;第三,由两个反射率经过选择的腔镜组成的光学谐振腔,如图 3-10 所示。

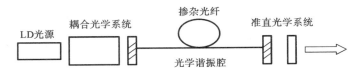

图 3-10 光纤激光器基本结构

从理论上说,只有泵浦源和增益光纤是构成光纤激光器的必要组件,谐振腔的选模作用可以通过光纤的波导效应来解决,谐振腔的增加增益介质长度作用可以用加长光纤长度来解决,所以光纤激光器中谐振腔不是物理意义上不可或缺的组件。但是我们一般希望光纤长度较短,所以多数情况下实际激光器结构还是采用谐振腔引入反馈。

2. 光纤激光器工作原理

图 3-11 是双包层掺杂光纤激光器的工作原理,LD 泵浦光源通过侧面或端面耦合进入光纤,双包层光纤由内包层和外包层组成,光纤外包层的折射率远低于内包层,所以内包层可以传输多模泵浦光。内包层的横截面尺寸大于掺稀土离子的纤芯,内包层和纤芯构成了单模光波导,同时又与外包层构成了多模光波导。大功率多模泵浦光从外包层耦合进入内包

层,在沿光纤传输的过程中多次穿过纤芯并被吸收,纤芯中稀土离子被激发产生大功率激光输出。

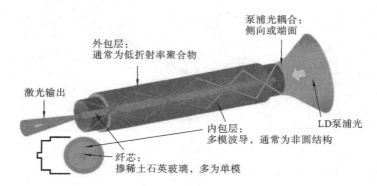

外包层:
通常为低折射率聚合物

泵浦光耦合:
侧向或端面

激光输出

LD泵浦光

内包层:
多模波导,通常为非圆结构

纤芯:
掺稀土石英玻璃,多为单模

图 3-11 双包层掺杂光纤激光器的工作原理

3. 光纤激光器工作模式

1) 光纤激光器分类

按输出激光特性分类,光纤激光器有连续光纤激光器和脉冲光纤激光器两类,其中脉冲光纤激光器根据其脉冲形成原理又可分为调 Q 光纤激光器和锁模光纤激光器。

与氪灯泵浦激光器类似,调 Q 脉冲光纤激光器是在激光器谐振腔内插入 Q 开关器件,通过周期性改变谐振腔腔内的损耗实现脉冲激光输出,脉冲宽度可以达到纳秒量级。

锁模脉冲光纤激光器主要是对谐振腔内的振荡纵模进行调制得到超短脉冲激光,脉冲宽度可以达到皮秒或飞秒量级。

调 Q 或锁模激光器得到的脉冲能量往往太小,限制了应用范围。

2) MOPA(master oscillator power-amplifier)结构光纤激光器

MOPA 光纤激光器采用主振荡功率放大结构实现高脉冲能量、高平均输出功率输出,如图 3-12 所示。

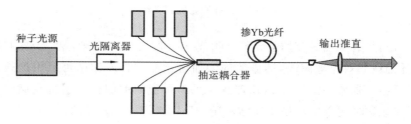

种子光源

光隔离器

抽运耦合器

掺Yb光纤

输出准直

图 3-12 MOPA 结构激光器示意图

MOPA 激光器结构主要分两部分:图 3-12 左边是一个具有高光束质量输出的种子光源,右边是一级或几级光纤放大器结构,构成主振荡功率放大光源。

MOPA 结构的光纤激光器获得的高能量脉冲激光与种子光源的激光波长、重复频率相同,波形形状和脉冲宽度也几乎不变,它的参数指标和效果比较如表 3-2 所示。

表 3-2　调 Q 脉冲和 MOPA 光纤激光器参数指标比较

激光器类型	Q-Switch Pulse	MOPA Pulse
激光器型号	Q-Switch	YDFLP-20-M6-S
激光调制技术	Q 开关调制	电信号调制种子源
脉冲波形	不可调制	可通过调制信号控制波形
脉冲宽度	固定 100 ns	2～250 ns
峰值功率	低,不可调制	高,可调制
脉冲频率	20 kHz～80 kHz	1 kHz～1000 kHz
首脉冲上升时间	慢,不可调制	快,可调制

　　MOPA 结构的光纤激光器既可以用脉冲也可以用连续方式来进行切割加工,产品切割质量主要是与激光器的功率和光斑模式有关,与激光是否连续和脉冲关系不大。

4. 光纤激光器激光功率控制

　　(1)平均功率控制:光纤激光器平均功率由泵浦光源功率控制,泵浦光源功率控制通过恒流电源进行,所以光纤激光器功率控制由恒流电源输出控制。

　　(2)峰值功率控制:光纤激光器峰值功率控制由调 Q 光纤激光器的 Q 频率或 MOPA 光纤激光器种子光源的频率控制方式确认,通过光纤激光器 CTRL 接口不同的接线端口来实现,这里不再赘述。

5. 光纤激光器优缺点

　　(1)优点:光束质量较高,光电转换率比较高,切割速度快,使用成本低等。

　　(2)缺点:金属材料在厚度较小时对光纤激光器波长的吸收率有最高值,材料变厚会下降,所以切割厚金属板材时的效果不好。

3.1.3　氪灯泵浦激光器与控制方式

1. 氪灯泵浦激光器工作原理

　　氪灯泵浦激光焊接机采用脉冲氪灯泵浦激光器作为光源。

　　氪灯泵浦激光器采用脉冲氪灯作为激励源,掺钕钇铝石榴石(ND:YAG)晶体作为工作物质,激励源使工作物质生产能级跃迁释放出激光,在全反镜片和半反镜片中来回振荡放大并形成波长为 1064 nm 的巨脉冲激光输出到工件上,如图 3-13 所示。

2. 氪灯泵浦激光器主要器件

　　(1)激光棒:激光棒是淡紫色的掺钕钇铝石榴石(ND:YAG)晶体,具有阈值低、热学性质优异的特点,适于连续和高重复频率的工作场合。

　　(2)脉冲氪灯:脉冲氪灯是惰性气体放电灯,其光谱特性与激光棒的吸收光谱相匹配,与打标机上用的连续氪灯相比具有更大的光强,是电极外形两头圆的脉冲发光光源,如图 3-14 所示。

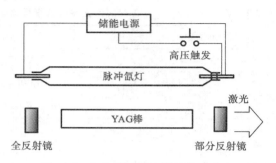

图 3-13 氙灯泵浦激光器结构示意图

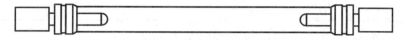

图 3-14 直线圆柱脉冲氙灯示意图

脉冲氙灯的圆形电极头部形状有利于承受更大的放电电流,在激光焊接机这类峰值功率较大的激光设备上得到广泛应用。

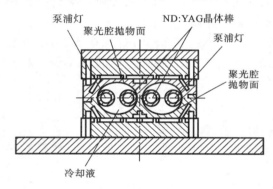

图 3-15 狭义聚光腔示意图

(3)聚光腔:聚光腔的主要功能是将泵浦辐射出的光最大限度地聚集到激光工作物质上,同时还有提供冷却液通道和灯、棒的固定位置的功能。

狭义的聚光腔单指聚光腔体和反射体两个部分,反射体内表面横截面是一个椭圆,如图3-15所示的双灯双棒聚光腔。

广义的聚光腔指由不锈钢或非金属腔体、镀金或陶瓷反射体、滤紫外石英玻璃管(导流管)及有关接头、激光工作物质及水密封零件、泵浦光源(氪灯或氙灯)及水密封零件等组成,如图 3-16 所示。

(4)谐振腔(optical-harmonic-oscillator):谐振腔由两个光学反射镜组成,置于激光工作物质两端,其中一个反射镜片反射率接近 100%,称为全反射镜片;另一个反射镜片反射率稍低些,称为部分反射镜,它可以部分反射激光并允许激光输出,又称激光器窗口。全反射镜和部分反射镜有时分别称为高反镜和低反镜,有时称为全反镜和半反镜。

3. 氙灯泵浦激光器特点

氙灯泵浦激光器的优点是产生的激光波长属于红外光频段,振荡效率高,输出功率稳定,脉冲峰值功率高,脉冲波形适合做焊接机光源,整体结构如图3-17所示。

4. 氙灯泵浦激光器主要参数及控制方式

氙灯泵浦激光器有单脉冲能量、激光重复频率和脉宽波形三个主要参数,在焊接机上通过专用脉冲激光器电源进行控制,如图3-18所示。

CZ1 为脉冲激光器电源三相供电电源接口,分别接三路相线和零线,S1 接口是脉冲激光

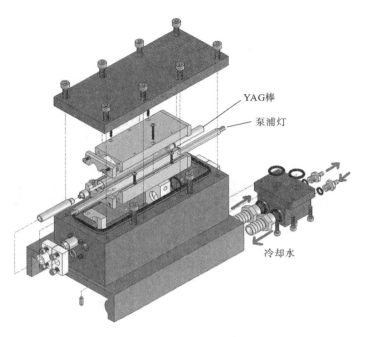

图 3-16　广义聚光腔示意图

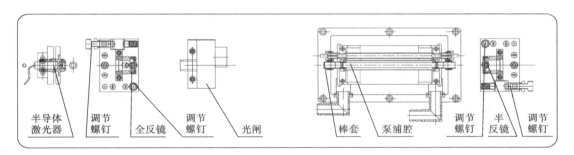

图 3-17　氙灯泵浦激光器整体结构

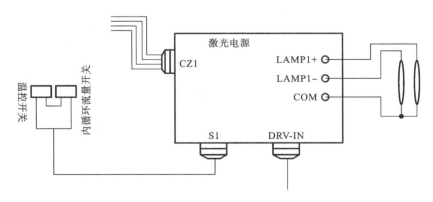

图 3-18　氙灯泵浦激光器控制方式

器电源通用保护信号输入口,一般接温控开关和流量开关,触发保护时电源将停止工作。DRV-IN 接口接入外部控制信号控制单脉冲能量、激光重复频率和脉宽波形三个主要参数。

5. 灯泵浦激光器优缺点

(1)优点:输出波长较短,有利于金属吸收,适合各类碳钢、不锈钢(包含铜、铝等)高反射有色金属材料,同时激光装备占地小,能耗低,投资成本低,适合于中小企业使用。

(2)缺点:转换效率仅有 1‰~3‰,热应力和热透镜效应限制了激光器平均功率和光束质量提高,每瓦输出功率的成本比 CO_2 激光器和光纤激光器都贵。

3.2 切割机机械运动系统知识与技能训练

3.2.1 切割机运动系统主要器件知识

从图 2-6 可以知道,切割机机械运动系统由导轨、步进电机、同步带等组成。

1. 导轨知识

1)基本概念

导轨是支承和引导运动构件沿着一定轨迹运动的一对零件的简称。设在支承构件上的导轨面称为静导轨,长度比较长,另一个导轨面设在运动构件上,称为动导轨,比较短。具有动导轨的运动构件常称为工作台、滑台、滑块等,如图 3-19 所示。

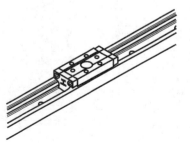

导轨面间的摩擦为滑动摩擦的称为滑动导轨,在导轨面间放入滚动元件,使摩擦转变为滚动摩擦的称为滚动导轨。滚动导轨还可分为滚轮直线导轨和滚珠直线导轨两种方式,前者速度快、精度稍低,后者速度慢、精度较高,如图 3-20 所示。

图 3-19 直线导轨副示意图

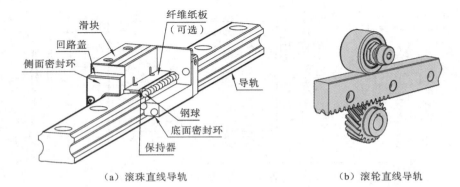

(a)滚珠直线导轨　　　　　　　(b)滚轮直线导轨

图 3-20 滚动直线导轨示意图

2）直线导轨主要参数

直线导轨的长度 L 和导轨行程 D 的关系：轨长 L＝导轨行程＋滑块间距（如果有 2 个以上滑块）＋滑块长度 E×滑块数量＋两端的安全行程，如果增加了防护罩，需要加上两端防护罩的压缩长度，如图 3-21 所示。

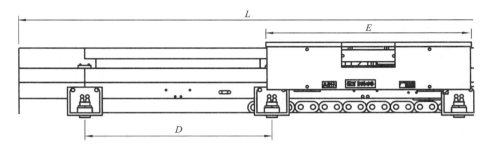

图 3-21　直线导轨长度计算

2. 步进电机与运动系统连接方式

（1）步进电机＋皮带轮＋同步皮带连接方式，如图 3-22 所示。

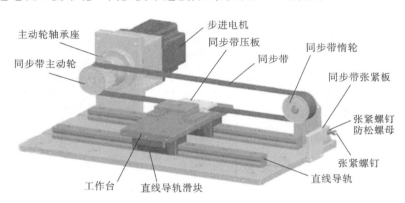

图 3-22　步进电机＋皮带轮＋同步皮带连接方式

同步带传动是由一条内周表面设有等间距齿的环形皮带和具有相应齿的带轮所组成，运行时带齿与带轮的齿槽相啮合传递运动和动力，具有传动准确、平稳，效率高的特点，是工作台直线往复运动的主要方式，相对于滚珠丝杠而言，其缺点就是传动精度相对较低。

它相对于滚珠丝杠来说，也具有安装精度要求低、减震性能好、成本低廉的明显优势，安装同步带时张紧力应大小适中，勿过度张紧造成磨损加剧。

（2）步进电机＋联轴器＋滚珠丝杠连接方式，如图 3-23 所示。

步进电机通过联轴器带动滚珠丝杠转动，通过丝杠螺母带动滑台完成 X-Y 方向移动。

3. 联轴器知识

联轴器由两半部分组成，分别与主动轴和从动轴连接，如图 3-24 所示。

1）功能

（1）将步进电机与滚珠丝杠连接起来，起连接件作用。

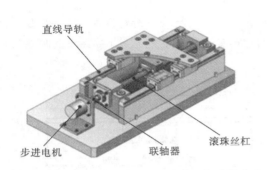

图 3-23 步进电机＋联轴器＋滚珠丝杠连接方式

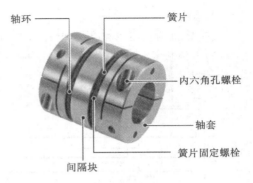

图 3-24 联轴器典型结构

（2）步进电机的轴心与滚珠丝杠的轴心可能有轻微的错开，如果直接连接会产生许多问题，此时联轴器可起到同心度匹配作用。

（3）当出现意外时，联轴器可以自动断裂，起到步进电机与滚珠丝杠保护作用。

2）类型

常用联轴器有开口型联轴器、膜片型联轴器、十字形联轴器、爪形联轴器及波纹管联轴器等类型，如图 3-25 所示。上述这些类型可以分为弹性联轴器和刚性联轴器两个大类。

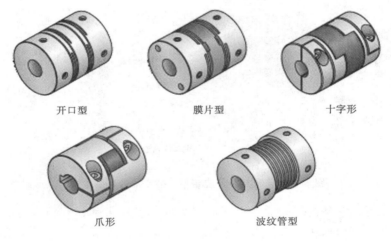

图 3-25 常用联轴器类型

我们可以根据步进电机转速选定联轴器的型号。

4. 步进电机知识

步进电机是将电脉冲信号转换成相应的角位移或线位移的控制电机。

1）步进电机的结构

步进电机的结构大致分为定子和转子两部分，如图 3-26 所示。

（1）转子：5 相步进电机转子由转子 1、转子 2、永久磁钢等 3 部分构成。转子沿轴方向已经磁化，转子 1 为 N 极时，转子 2 则为 S 极，如图 3-27 所示。

转子的外圈由 50 个小齿构成，转子 1 和转子 2 的小齿在构造上互相错开 1/2 螺距，由此

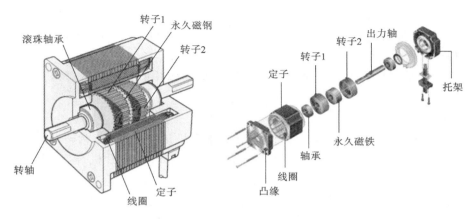

图 3-26 步进电机总体结构

转子形成了 100 个小齿。如果转子可以单个加工 100 齿,那么转子就有 200 个小齿,步进电机的步进精度可以更高。

图 3-27 5 相步进电机转子示意图

（2）定子：定子拥有绕有线圈的小齿状 10 个磁极,线圈对角位置的磁极相互连接,电流通过后这两个线圈会被磁化成同一极性。对角线的 2 个磁极形成 1 个相,10 个磁极有 A 相至 E 相等 5 个相位,因此称为 5 相步进电动机,如图 3-28 所示。

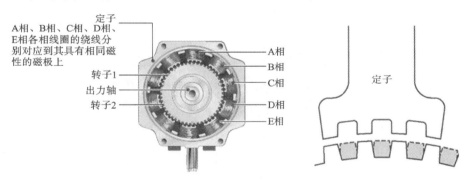

图 3-28 5 相步进电机定子示意图

2）步进电机的运转原理

给步进电机定子线圈通电的状态称为励磁,A 相通电称为 A 相励磁,B 相通电称为 B 相励磁,依此类推。

将 A 相励磁,会使得定子磁极磁化成 S 极,将与带有 N 极磁性的转子 1 的小齿互相吸引,并与带有 S 极磁性的转子 2 的小齿相互排斥,转子平衡后停止转动。此时,没有励磁的 B 相磁极的小齿和带有 S 极磁性的转子 2 的小齿互相偏离 0.72°。

由 A 相励磁转为 B 相励磁时,B 相磁极磁化成 N 极,与拥有 S 极磁性的转子 2 互相吸引,与拥有 N 极磁性的转子 1 相互排斥。也就是说,从 A 相励磁转换至 B 相励磁时,转子转动 0.72°。由此可知,励磁相位随 A 相→B 相→C 相→D 相→E 相→A 相依次转换,则步进电动机以每次 0.72°做正确的转动。同样的,希望作反方向转动时,只需将励磁顺序倒转,依照 A 相→E 相→D 相→C 相→B 相→A 相励磁即可。

步进电动机是由驱动器来进行励磁相的转换,而励磁相的转换则是由输入驱动器的脉冲信号来进行的。

3) 步进电机的特征

(1) 步进电机转动条件:控制器、驱动器、步进电动机是步进电机正常转动必不可少的三要素,如图 3-29 所示,控制器又叫脉冲产生器,目前主要有 PLC、单片机、运动板卡等。

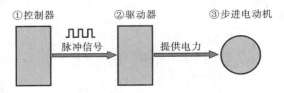

图 3-29　步进电机运转需要的三要素

(2) 转动角度与脉冲数的比例关系:步进电机每输入一个脉冲就前进一步,转动角度与输入脉冲的个数成正比,如图 3-30 所示的 5 相步进电机。

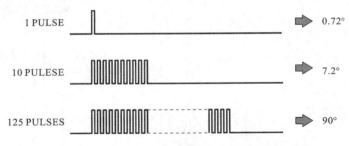

图 3-30　5 相步进电机输入脉冲数与转动角度的关系

(3) 转动速度与脉冲速度的比例关系:步进电机转动速度的大小与输入脉冲的频率成正比,如图 3-31 所示的 5 相步进电机。

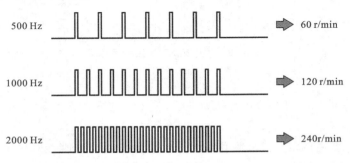

图 3-31　5 相步进电机输入脉冲频率与转动速度的关系

(4) 步进电机的方向控制:步进电机的转向与输入给各相绕组脉冲的先后次序有关,控制输出脉冲的顺序就实现步进电机方向的改变。

4）步进电机基本参数

（1）步距角：步进电机接受单个脉冲信号转动的角度，如 86BYG250A 型电机出厂时给出的步距角为 0.9°/1.8°（表示半步工作时为 0.9°，整步工作时为 1.8°）。

（2）相数：电机线圈组数，常用的有二相、三相、四相、五相步进电动机。

电机相数不同，其步距角也不同，二相电机的步距角为 0.9°/1.8°，三相的为 0.75°/1.5°，五相的为 0.36°/0.72°。增加相数能提高性能，但电机结构和驱动电源都更复杂，成本也会增加。

（3）保持转矩：也称为最大静转矩，是在额定静态电流下施加在已通电的步进电机转轴上而不产生连续旋转的最大转矩。

通常步进电机在低速时的力矩接近保持转矩。由于步进电机的输出力矩随速度的增大而衰减，输出功率也随速度的增大而变化，所以保持转矩就成为衡量步进电机最重要的参数之一。比如，当人们说 2 N·m 的步进电机，在没有特殊说明的情况下是指保持转矩为 2 N·m 的步进电动机。

（4）空载启动频率：步进电机在空载情况下能够正常启动的脉冲频率。如果脉冲频率高于该值，电机就不能正常启动，可能发生丢步或堵转。在有负载的情况下，启动频率应更低。如果要使电机达到高速转动，脉冲频率应该有加速过程，即启动频率较低，然后按一定加速度升到所希望的高频。

5. 二相步进电机驱动器功能与连接方式

我们以市面上激光加工设备最通用的 DM556 步进电机驱动器来介绍驱动器的连接方式。

（1）实物外形与命名规则，如图 3-32 所示。

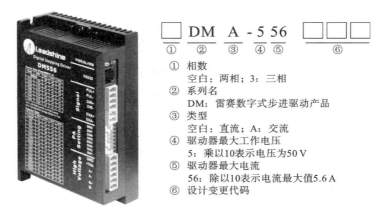

① 相数
空白：两相；3：三相
② 系列名
DM：雷赛数字式步进驱动产品
③ 类型
空白：直流；A：交流
④ 驱动器最大工作电压
5：乘以10表示电压为50 V
⑤ 驱动器最大电流
56：除以10表示电流最大值5.6 A
⑥ 设计变更代码

图 3-32　DM556 步进电机驱动器实物外形与命名规则

（2）主要参数，如表 3-3 所示。

表 3-3　DM556 驱动器主要参数

型号	相数	电流/A	电压/V	细分数	适配电机	控制信号
DM556	两相	2.1～5.6	18～48 DC	1～128	57,60,86	差分/单端

（3）控制信号接口定义,如表 3-4 所示。

表 3-4　DM556 驱动器控制信号接口定义

名称	功能
PUL+	脉冲输入信号
PUL−	
DIR+	方向输入信号
DIR−	
ENA+	使能控制信号,ENA 接低电平时,不响应步进脉冲。不需此功能时悬空
ENA−	

（4）功率接口定义,如表 3-5 所示。

表 3-5　DM556 驱动器功率接口

名称	功能
GND	直流电源地
＋VDC	直流电源正,范围＋18～＋48 V,推荐＋36 V
A+、A−	电机 A 相绕组
B+、B−	电机 B 相绕组

（4）拨码设定,如图 3-33 所示。DM556 驱动器采用八位拨码开关设定细分、运行电流、静止半流以及控制参数自整定。

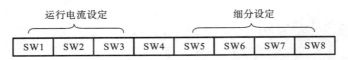

运行电流设定　　　　　　　　　　细分设定

| SW1 | SW2 | SW3 | SW4 | SW5 | SW6 | SW7 | SW8 |

图 3-33　DM556 驱动器拨码设定

（5）运行电流设定,如表 3-6 所示。当 SW1、SW2、SW3 均为 off 时,可以通过 PC 软件设定为所需电流,最大值为 5.6 A,分辨率为 0.1 A。不设置则默认峰值电流为 1.4 A。

表 3-6　DM556 驱动器细分拨码 SW1～SW3 定义

输出峰值电流	输出有效值电流	SW1	SW2	SW3
默认值		off	off	off
2.1 A	1.5 A	on	off	off
2.7 A	1.9 A	off	on	off
3.2 A	2.3 A	on	on	off
3.8 A	2.7 A	off	off	on
4.3 A	3.1 A	on	off	on
4.9 A	3.5 A	off	on	on
5.6 A	4.0 A	on	on	on

静止电流用 SW4 拨码开关设定,off 表示静止电流设为运行电流的一半,on 表示静止电流与运行电流相同。一般用途中应将 SW4 设成 off,使得电机和驱动器的发热减少,降低能耗,可靠性提高。脉冲信号停止 0.4 s 后电流自动减半,发热量理论上减至原来的 25%。

（6）细分设定,如表 3-7 所示。当 SW5～SW8 均为 on 时,驱动器使用内部默认细分为 200 ppr,用户可以通过上位机软件进行细分设置,最小为 200 ppr,最大为 51200 ppr。

表 3-7 DM556 驱动器细分拨码 SW5～SW8 设定

步数/转	SW5	SW6	SW7	SW8
默认值	on	on	on	on
400	off	on	on	on
800	on	off	on	on
1600	off	off	on	on
3200	on	on	off	on
6400	off	on	off	on
12800	on	off	off	on
25600	off	off	off	on
1000	on	on	on	off
2000	off	on	on	off
4000	on	off	on	off
5000	off	off	on	off
8000	on	on	off	off
10000	off	on	off	off
20000	on	off	off	off
25000	off	off	off	off

（7）参数自整定功能:若 SW4 在 1 s 之内往返拨动一次,驱动器便可自动完成电机参数识别以及控制参数自整定;在电机、供电电压等条件发生变化时请进行一次自整定,否则,电机可能会运行不正常。注意此时不能输入脉冲,方向信号也不应变化。

实现方法 1:SW4 由 on 拨到 off,然后在 1 s 内再由 off 拨回到 on;

实现方法 2:SW4 由 off 拨到 on,然后在 1 s 内再由 on 拨回到 off。

（8）DM556 驱动器共阳极/共阴极控制法,如图 3-34 所示。

V_{CC} 电压注意事项:

① $V_{CC}=5$ V 时,信号端无需串联电阻;

② $V_{CC}=12$ V 时,信号端需要串联 1 kΩ 左右的电阻;

③ $V_{CC}=24$ V 时,信号端需要串联 2 kΩ 左右的电阻;

④ 驱动器内部限流电阻为 270 Ω。

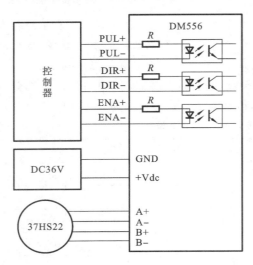
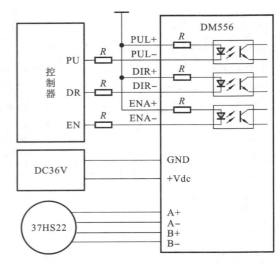

图 3-34　DM556 驱动器共阳极/共阴极控制法

图 3-35　扁铁型切割工作台

6. 切割工作台及其选择

（1）扁铁型切割工作台：扁铁型切割工作台的割台是用 80～100 mm 宽和 3～5 mm 厚的铁板剪切而成，相互平行排列，间距大小根据常用切割板材厚度及零部件大小确定，一般为100～150 mm，如图 3-35 所示。

（2）顶尖型切割工作台：顶尖型切割工作台是用铸铁制作的锥顶按一定距离固定到槽钢上，组成锥顶排，再把多根锥顶排按一定距离固定排列而组成的切割工作台，如图 3-36 所示。

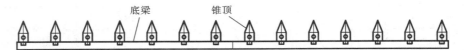

图 3-36　顶尖型切割工作台

顶尖型切割工作台因为锥顶为铸铁不容易损坏且便于对已损坏的锥顶单个更换，使用效果要优于扁铁型切割台。

（3）蜂窝型切割工作台：蜂窝型切割工作台是采用铝材料制成蜂窝形状的台面，承重量不大，主要用于轻型产品的加工，如图 3-37 所示。

（4）切割工作台选择如下。

① 切割产品的重量：比较重的产品需要切割工作台的承重面积大，要选择间距小、材质硬的扁铁型和顶尖型切割工作台，但是要注意顶尖型切割工作

图 3-37　蜂窝型切割工作台

台的尖端受力面积过小也不适合过重产品的加工。

② 产品的面积:根据产品的面积来选择合适间距的切割工作台。在切割过程中,间距过大的切割工作台产品的重心不稳易发生偏移导致切割效果不佳。

③ 产品的材质:材质较硬的产品如有机玻璃板,可选用扁铁型和顶尖型的切割工作台。比较柔软的产品如布匹和皮革等选用蜂窝状的切割平台,因为其所需的支撑面积比较多。

④ 产品的落料:根据切割图形尺寸、是否需要切好后自动落料等需求选择。如切割有机玻璃板时可根据图形尺寸选择大于图形尺寸间距的切割台,当切割完成时,切割完的产品会自动落下。

3.2.2 切割机装调技能训练概述

1. 技能训练方法

以激光设备制造企业的实际工作过程(即资讯—决策—计划—实施—检验—评价六个步骤)为导向,兼顾一体化课程的教学过程组织要求,通过教学项目的实施过程掌握切割机装调所涉及的主要知识点和技能点。

具体来说,就是以 60 W 玻璃管 CO_2 激光切割机整机安装调试过程为学习载体,使学生了解玻璃管 CO_2 激光切割机的工作原理,学会连接、安装玻璃管 CO_2 激光切割机的主要元器件和零部件,学会调试 CO_2 激光切割机的主要参数,学会进行 CO_2 激光切割机的日常维护,学会排除 CO_2 激光切割机的常见故障,使学生掌握中小型激光切割设备在安装调试过程中的基本知识和基本技能。

2. 切割机装调技能训练项目分析

学会安装一台激光切割机并调试到符合出厂的技术要求,首先需要了解激光切割机的实际生产过程和根据一体化课程的教学要求将实际生产过程分解为相对独立的教学项目。

总结大部分激光设备生产厂家的工艺文件可以发现,产生满足加工要求并长期稳定工作的激光光束是所有激光加工设备的核心要求,切割机的实际生产过程可以分解为以下几个相对独立的部分:

(1)切割机机械运动系统的安装、调试,主要目的是给切割机提供机械运动部分;

(2)切割机零部件与电路元器件安装、连接与测试,主要目的是控制运动系统和产生激光光束;

(3)切割机光路系统安装、调试与性能测试,主要目的是使切割机光路满足加工工艺的要求;

(4)切割机整机安装、调试与性能测试,主要目的是使切割机达到性能指标,能长期稳定地工作。

3. 切割机装调技能训练教学项目

根据以上分析,可以得出玻璃管 CO_2 激光切割机一体化课程教学的三个项目来完成技能训练教学过程。

项目一：玻璃管 CO_2 激光切割机主要器件安装连接技能训练。

项目二：玻璃管 CO_2 激光切割机光路系统部件装调技能训练。

项目三：玻璃管 CO_2 激光切割机整机装调技能训练。

4．切割机装调技能训练教学项目一描述

某激光设备制造企业生产一台 60 W 玻璃管 CO_2 激光切割机项目一完成的主要工作任务有：

（1）安装玻璃管 CO_2 激光切割机的主要机械零部件，形成切割机的整体机械结构，这是后续零部件与元器件安装调试的平台。

（2）安装、连接玻璃管 CO_2 激光切割机电控系统元器件，形成切割机的供电系统和电控系统，为激光器电源和其他控制电源的安装连接打下基础。

学习项目一，你将认识激光切割机总体结构，了解玻璃管 CO_2 激光切割机主要系统及主要零部件组成，会进行玻璃管 CO_2 激光切割机主要零部件与元器件部件的安装、连接与测试。

5．技能训练教学项目一目标要求

1）知识要求

（1）了解玻璃管 CO_2 激光切割机整机结构、主要零部件与元器件型号、结构与功能；

（2）掌握步进电机的型号、工作原理；

（3）掌握直线导轨的型号、工作原理；

2）技能要求

（1）会正确填写机械零部件领料单，检验机械结构件主要性能指标；

（2）会正确填写主要电气元件领料单，检验电气元件主要性能指标；

（3）会正确进行玻璃管 CO_2 激光切割机的相关机械零件安装；

（4）会正确进行玻璃管 CO_2 激光切割机的相关电气元件连接；

（5）会正确对步进电机、直线导轨进行选型；

（6）会正确检测机箱的质量；

（7）会正确进行切割机工作台的安装。

3）职业素养

（1）遵守设备操作安全规范，爱护实训设备；

（2）积极参与过程讨论，注重团队协作和沟通；

（3）及时分析总结项目一进展过程中的问题，撰写翔实的项目报告。

6．技能训练教学项目一资源准备

1）设施准备

（1）1 台 60 W 玻璃管 CO_2 激光切割机样机（主流厂家产品）。

（2）5～10 套 60 W 玻璃管 CO_2 激光切割机机械零部件；

（3）5～10 套 60 W 玻璃管 CO_2 激光切割机激光器及与之对应的元器件；

（4）5～10 套品牌工控机及与之对应的系统软件；

（5）5～10 套切割专用控制卡及与之对应的切割软件；

（6）5～10 套品牌钳工工具包；

（7）5～10 套品牌电工工具包；

（8）合适的多媒体教学设备。

2）场地准备

（1）满足激光加工设备的工作温度要求；

（2）满足激光加工设备的工作湿度要求；

（3）满足激光加工设备的电气安全操作要求。

3）资料准备

（1）主流厂家玻璃管 CO_2 激光切割机使用说明书；

（2）主流厂家玻璃管 CO_2 激光器使用说明书；

（3）主流厂家工控机使用说明书；

（4）与本教材配套的作业指导书。

7. 激光打标机器件连接技能训练教学项目任务分解

根据项目一的描述，可以把玻璃管 CO_2 激光切割机主要器件安装连接技能训练教学项目再分解为两个相对独立的任务。

任务 1：安装玻璃管 CO_2 激光切割机主要机械结构件，主要目的是为其他系统安装提供支撑平台。

任务 2：制作玻璃管 CO_2 激光切割机电控系统，连接电源和控制系统，主要目的是形成激光切割机电控系统。

3.2.3   结构件和器件安装技能训练

（1）搜集激光切割机主要机械结构件信息，填写表 3-8。

表 3-8   切割机主要机械结构件信息表

类型	序号	名称	选型依据	供应商	规格型号	价格
	1					
	2					
	3					
	4					
	5					
	6					

（2）识别激光切割机主要机械结构件，填写领料单。

① 领料单（picking list）样板：领料单是由领用材料的部门或者人员（简称领料人）根据所需领用材料的数量填写的单据，主要内容有领料项目、编码、名称、单位、数量、检验等，如表 3-9 所示。

表 3-9 领料单样板

领料单					No.	
领料项目：						
编码	名称	型号/规格	单位	数量	检验	备注
记账：　　　发料：　　　主管：　　　　领料：　　　　检验：　　　制单：						

② 填写领料单注意事项：

● 为了明确责任，填写领料单要有领料、发料、主管、记账等人员的签名，无签章或签章不全的均无效，不能作为记账的依据。

● 领料单一般一式四联。第一联为存根联，留领料部门备查；第二联为记账联，留会计部门作为出库材料核算依据；第三联为保管联，留仓库作为记材料明细账依据；第四联为业务联，留供应部门作为物质供应统计依据。

● 领料单一般是"一料一单"地填制，即一种原材料填写一张单据，也可以把相同性质的材料归类领取。

（3）制订机械结构件安装工作计划，填写表 3-10。

表 3-10 机械结构件安装工作计划表

序号	工作流程	主要工作内容	
1	任务准备	填写领料单	
		工具准备	
		场地准备	
		资料准备	
2	结构件和器件安装工作计划	1	安装门把手
		2	安装气弹簧撑杆
		3	安装观察窗
		4	安装 PVC 布线槽
		5	安装操作面板
		6	安装电源、电气元件
		7	安装风扇
		8	安装气嘴、水嘴
		9	工作平台调水平
3	注意事项	（1）安装孔位正确时直接安装，孔位不正确，需用电钻打孔； （2）风扇出风的一侧必须对准激光器和其他器件； （3）各安装器件无干涉，留出接线、线槽等连接位置	

（4）实战技能训练，实际安装结构件及主要器件，填写表3-11。

表 3-11 机械结构件安装工作记录表

工作流程	工作内容	工作记录	存在的问题及解决方案
任务准备	填写领料单		
	工具准备		
	场地准备		
	资料准备		
结构件和器件安装			

（5）任务检验与评估，填写表格。

① 机械结构件主要参数与质量检验知识如下。

主要参数：机械结构件（部件）的主要参数有型号、尺寸、行程、材质、允许载重、运动精度等。下面是某台手动式工作台的主要参数。

型号：XYMEW-01

外形尺寸：350 mm（长）×350 mm（宽）×100 mm（高）

工作行程：200 mm（长）×200 mm（宽）×50 mm（高）

允许载重：30 kg

材质：铝材

② 质量检验：对激光设备用户而言，机械结构件质量检验的主要内容有如下几项：

● 机械结构件的尺寸精度满足设计和使用要求。机械结构件的尺寸精度通常可以用卷尺、钢皮直尺和游标卡尺等工具来测量。

● 机械结构件的形位公差满足设计和使用要求。机械结构件的形位公差通常可以用直线度和平面度等参数来衡量。例如，我们可以用水平仪来检验机械结构器件的平面度。

● 对于要求高的场合，也可以根据特定机械结构件的国家标准来进行质量检验。例如，按照 GB/T 17587.3—1998 的要求来检验滚珠丝杠的运动精度，确保工作台满足激光加工的要求。

（6）填写质量检查表，如表3-12所示。

表 3-12　结构件和器件安装质量检查表

项目任务	安装器件名称	作业标准	作业结果质检	
			合格	不合格
任务 1	机箱外观	平整无锈迹,无开裂与变形,无毛刺批锋		
	机箱	使机柜倾斜 106°,机柜不翻倒。 在振动或其他外界作用力下,机柜无零部件松脱,无异响		
	门及面板	机柜相同地方的间隙差值小于 0.4 mm。开门灵活,在开启范围内无摩擦与干涉、碰撞、刮漆现象		
	地脚、脚轮	地脚、脚轮固定牢固,地脚升降无卡死,脚轮运行要平稳		
	直线导轨	直线导轨安装稳固,无锈迹,滑块滑动顺畅		
	步进电机	步进电机安装稳固,安装位置正确		
	皮带	皮带松紧适宜,固定正确		
	联轴器	联轴器安装稳固		
	镜架	镜架安装稳固,安装位置正确		
	齿轮	齿轮安装稳固,安装位置正确		
	X 轴	安装牢固与 Y 轴垂直		
	Y 轴	两边 Y 轴安装牢固且互相平行		

3.3　激光切割机控制系统知识

3.3.1　工控机知识

工控机(industrial personal computer,IPC)是专为工业控制而设计的计算机,在激光打标机中主要连接打标控制卡,是激光打标机的控制中心。

1. 工控机器件组成

1）工控机外形结构知识

如图 3-38 所示,未开锁的工控机外观可以看到前散热窗、钥匙开关和盖板,扭动钥匙开关打开盖板,可以看到电源开关、重启开关、键盘开关、USB 接口及光驱等部件。从后面看,主要是各类板卡的输出端口,如 USB、VGA、COM1、COM2 及 Printer 等。

2）工控机内部器件知识

（1）工控机内部主要器件有光驱、硬盘、底板、主板、风扇和电源等,如图 3-39 所示。

（2）工控机底板功能:图 3-40 是某型号工控机底板各接口位置示意图。

工控机以总线结构形式设计了多插槽的底板,在底板槽中插入包括打标控制卡在内的

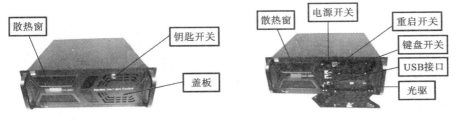

未开锁的外观前视图　　　　　　　打开锁的外观前视图

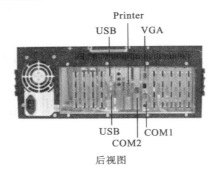

后视图

图 3-38　工控机外形结构图

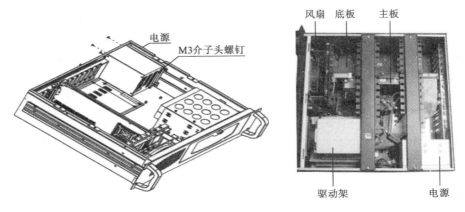

图 3-39　工控机内部结构图

各种功能板卡,如 CPU 卡、显示卡、控制卡、I/O 卡等。

图中的 ISA3～ISA9 插槽是基于 ISA 总线(industrial standard architecture,工业标准结构总线)的扩展插槽,颜色一般为黑色,早期打标控制卡常做成 ISA 卡,其缺点是 CPU 资源占用太高,数据传输带宽太小。

图中的 PCI1～PCI4 插槽是基于 PCI 局部总线(peripheral component interconnection,周边元件扩展接口)的扩展插槽,颜色一般为乳白色,位于主板上 AGP 插槽的下方,ISA 插槽的上方。

想一想:底板上 PCI、ISA 插槽在功能上有什么不同,与 USB 接口有什么区别?

做一做:试着插拔底板上 PCI、ISA 插槽的板卡,注意不要损坏板卡和插槽。

(3) 工控机主板功能:图 3-41 是某型号工控机主板各接口位置示意图。

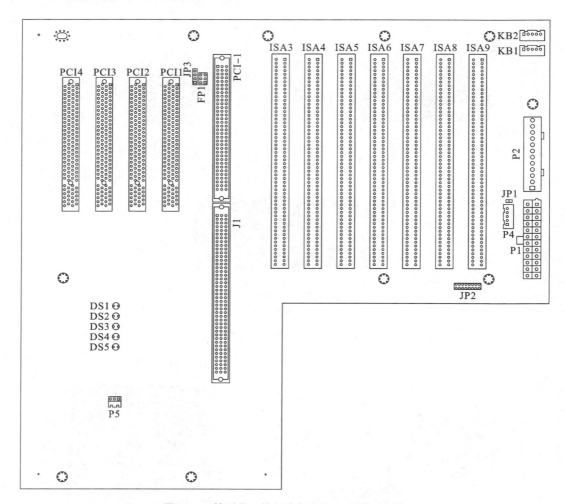

图 3-40　某型号工控机底板各接口位置示意图

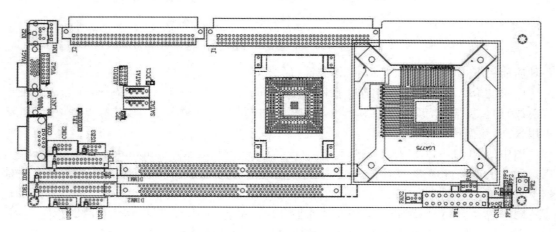

图 3-41　某型号工控机主板接口位置示意图

主板上除了 CPU 以外,主要是各类接口,如串行 ATA 接口、并行 IDE 接口、串行通信口 COM、网络接口 ACTLED LILED、键盘和鼠标接口 KM2、键盘扩展接口 KM1、USB 接口、显示接口 VGA1、音频接口 AUDI01、IrDA/红外接口、无线通信接口 IR1、风扇接口 FAN1、ATX 电源接口 PW1、12 V 电源接口 PW2、前面板按钮指示灯 FP1、电源指示灯 FP2、扬声器输出接口 FP3、EPI 接口 J1 等。

目前,研祥(EVOC)智能科技股份有限公司的工控机在国内工控机市场上占有率较高。

2. 工控机选型原则

(1)根据使用空间大小:工控机安装在不同的设备上,首先要根据设备总体安装尺寸的大小选择产品规格。

工控机安装尺寸高度用 U 来表示,从 1 U 到 7 U 不等(1 U=4.45 cm),体积更小的无风扇嵌入式工控机长仅为十余厘米,也有功能更为复杂的工作站。

(2)根据现场安装方式:工控机安装方式可分为壁挂式、机架式、台式、嵌入式等,同时,也要考虑出线方式以避免接线困难,如前出线、后出线等。

(3)根据环境需求:工控机能够应用于恶劣的环境,如超高或超低的温度、高粉尘、高振动等场合。在选择工控机时要仔细察看其参数,如操作温度、存储温度等是否能够满足应用环境的需求。

(4)根据技术参数:工控机处理器、存储、内存、软件等配置要根据打标机的需求选择。

(5)根据可扩展性:要考虑工控机的接口类型需要哪些,是否有 RS-232/485、CPCI、USB、Profinet 等种类的接口,如果购买的不是工控机整机而是组装机,注意在选择板卡的时候考虑接口问题。

(6)根据品牌:工控机是切割机的核心部件,稳定性、可靠性、质量等直接影响到整个切割机的质量,品牌也是重要的考虑因素。

工控机著名品牌有台湾研华、华北工控、祈飞科技、研祥智能、西门子等。

3.3.2 TZ-301 系列激光雕刻控制系统功能介绍

激光切割机有切割和雕刻两种工作模式,所以切割机控制系统有时又称为激光雕刻/切割控制系统。控制系统的硬件构成和软件功能也主要集中在这两个方面,我们以市场上常见的 TZ-301 系列激光雕刻控制系统来介绍切割机控制系统组成及功能。

1. TZ-301 系列激光雕刻控制系统硬件

(1)操作面板:操作面板又称为操作头,实际上是控制系统各类参数的输入界面,实物结构和功能示意图如图 3-42 所示。

(2)TZC-CONV14 接口板:接口板实际上是控制系统各类参数的输出端口,与各类执行机构相连,如激光器、电源、冷却系统等。实物结构如图 3-43 所示。

(3)USB 连接线用于控制卡和工控机之间直接的通信。

(4)电源线用于接口板到开关电源之间的连接。

2. TZC-CONV14 接口板端口功能说明

图 3-44 是 TZC-CONV14 接口板功能示意图,具备了激光切割机的几乎所有功能。

 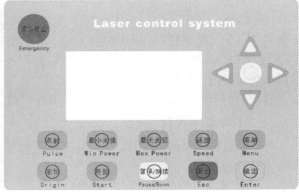

图 3-42 操作面板实物结构和功能示意图

图 3-43 TZC-CONV14 接口板实物结构图

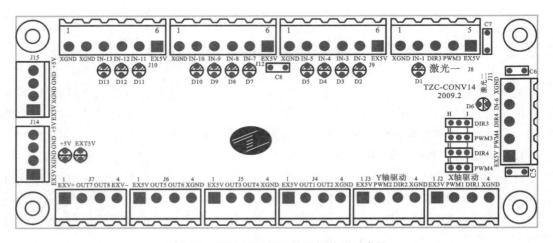

图 3-44 TZC-CONV14 接口板功能示意图

TZC-CONV14 接口板共有 14 个接口端,分别以 J1～J14 来表示。从功能上分析可以分为以下几个大类。

(1) 电源信号接口,本系统采用双 5 V 供电,详细说明如表 3-13 所示。

表 3-13 电源信号接口功能

接口号及功能说明	引脚号	标号	定义
J15:系统电源输入接口,外接开关电源输出端	1	EX5V	外 5 V 电源正
	2	XGND	外 5 V 电源地
	3	GND	内 5 V 电源地
	4	+5 V	内 5 V 电源正
J14:系统电源输出接口,外接操作面板电源输入端	1	EX5V	外 5 V 电源正
	2	XGND	外 5 V 电源地
	3	GND	内 5 V 电源地
	4	+5 V	内 5 V 电源正

(2) 输出信号接口,包括步进电机驱动器输出给 X、Y、Z 和 U 轴的步进电机脉冲和方向信号接口,还预留了通用输出接口和继电器控制信号接口,详细说明如表 3-14 所示。

表 3-14 输出信号接口功能

接口号及功能说明	引脚号	标号	定义
J2:提供 X 轴步进电机控制信号	1	EX5V	外 5 V 电源正 PUL+、DIR+
	2	PWM1	步进脉冲 PUL-
	3	DIR1	方向信号 DIR-
	4	XGND	外 5 V 电源地
J3:提供 Y 轴步进电机控制信号	1	EX5V	外 5 V 电源正 PUL+、DIR+
	2	PWM2	步进脉冲 PUL-
	3	DIR2	方向信号 DIR-
	4	XGND	外 5 V 电源地
J4:提供 Z 轴步进电机控制信号	1	EX5V	外 5 V 电源正 PUL+、DIR+
	2	OUT1	步进脉冲 PUL-
	3	OUT2	方向信号 DIR-
	4	XGND	外 5 V 电源地
J5:提供 U 轴步进电机控制信号	1	EX5V	外 5 V 电源正 PUL+、DIR+
	2	OUT3	步进脉冲 PUL-
	3	OUT4	方向信号 DIR-
	4	XGND	外 5 V 电源地
J6:提供切割头随动控制信号	1	EX5V	外 5 V 电源正
	2	OUT5	金属切割时自动跟随信号
	3	OUT6	金属切割时上升信号
	4	XGND	外 5 V 电源地

续表

接口号及功能说明	引脚号	标号	定义
J7:提供继电器控制信号,选择5 V 继电器	1	EXV+	连接 J6 的 1 脚
	2	OUT7	抬笔信号,继电器输出信号 1 脚
	3	OUT8	吹气信号,继电器输出信号 1 脚
	4	XGND	接继电器输出信号 2 脚

(3) 激光器电源接口,可以控制两个 CO_2 激光器,详细说明如表 3-15 所示。

表 3-15　激光器电源接口功能

接口号及功能说明	引脚号	标号	定义
J8:激光器电源 1 接口 注意:在使用单激光控制时,必须将另一路激光控制的水保护信号与 XGND 短接,否则切割机将不能正常工作	1	EX5V	外 5 V 电源正
	2	PWM3	控制激光器 射频激光器用于控制激光器出光及强度 国产玻璃管用于控制激光的电流
	3	DIR3	激光使能控制(DIR3 跳线跳到 H,高电平有效;跳到 L,低电平有效) 射频激光器用于控制激光器的使能 国产玻璃管用于控制激光的开/关
	4	IN-1	激光状态,对应的指示为发光二极管 VD1 射频激光器用于激光器的状态输入 国产玻璃管用于水保护的状态输入(低电平有效)
	5	XGND	外 5 V 电源地
J11:激光器电源 2 接口	1	EX5V	外 5 V 电源正
	2	PWM4	控制激光器 射频激光器用于控制激光器出光及强度 国产玻璃管用于控制激光的电流
	3	DIR4	激光使能控制(DIR4 跳线跳到 H,高电平有效;跳到 L,低电平有效) 射频激光器用于控制激光器的使能 国产玻璃管用于控制激光的开/关
	4	IN-6	激光状态,对应的指示为发光二极管 VD6 射频激光器用于激光器的状态输入 国产玻璃管用于水保护的状态输入(低电平有效)
	5	XGND	外 5 V 电源地

(4) 输入信号接口,包括工作台 X、Y、Z 和 U 轴限位接口,还预留了 2 个通用输入信号接口,详细说明如表 3-16 所示。

表 3-16 输入信号接口功能

接口号及功能说明	引脚号	标号	定义
J9：提供 X、Y 轴限位控制信号	1	EX5V	外 5 V 电源正
	2	IN-2	X 上限位，轴运动到最大坐标处限位传感器信号输入，对应二极管 VD2
	3	IN-3	X 下限位，轴运动到最小坐标(0)处限位传感器信号输入，对应二极管 VD3
	4	IN-4	Y 上限位，轴运动到最大坐标处限位传感器信号输入，对应二极管 VD4
	5	IN-5	Y 下限位，轴运动到最小坐标(0)处限位传感器信号输入，对应二极管 VD5
	6	XGND	外 5 V 电源地
J12：提供 Z、U 轴限位控制信号	1	EX5V	外 5 V 电源正
	2	IN-7	Z 下限位，轴运动到最小坐标(0)处限位传感器信号输入，对应二极管 VD2
	3	IN-8	U 下限位，轴运动到最小坐标(0)处限位传感器信号输入，对应二极管 VD3
	4	IN-9	开盖保护信号输入，对应二极管 VD4
	5	IN-10	脚踏开关信号输入，对应二极管 VD5
	6	XGND	外 5 V 电源地
J10：提供通用输入控制信号(IN)	1	EX5V	外 5 V 电源正
	2	IN-11	信号输入，对应二极管 VD11
	3	IN-12	信号输入，对应二极管 VD12
	4	IN-13	信号输入，对应二极管 VD13
	5	XGND	外 5 V 电源地
	6	XGND	外 5 V 电源地
J13：提供通用输入控制信号	1	EX5V	外 5 V 电源正
	2	IN-14	信号输入，对应二极管 VD14
	3	IN-15	信号输入，对应二极管 VD15
	4	IN-16	信号输入，对应二极管 VD16
	5	XGND	外 5 V 电源地
	6	XGND	外 5 V 电源地

注意：

(1) 使用 NPN 常开型接近开关，需将上位机参数设置为"负"，使用 PNP 常开型接近开关，需将上位机参数设置为"正"。

(2) 使用直通或磁感开关时，接信号＋XGND 时必须将上位机参数设置为"负"，接信号＋EX5V 时必须将上位机参数设置为"正"。

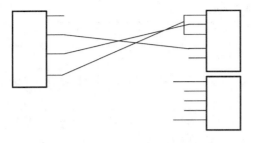

图 3-45　X 轴步进电机驱动系统
电气接线示意图

加工数据输入有两种方式：第一种，标签标识 U 盘连接线可直接插 U 盘读写；第二种，标签标识 PC 连接线可用 USB 连接线连接计算机读写文件。

3. TZC-CONV14 接口板端口与主要电气元件接线图

（1）X 轴步进电机＋步进电机驱动器＋J2 接口接线如图 3-45 所示，Y、Z 轴连线与 X 轴类似。

（2）激光器电源＋J8 接口接线如图 3-46 所示，注意不同公司的 CO_2 电源端口定义可能有所不同，请仔细阅读说明书。

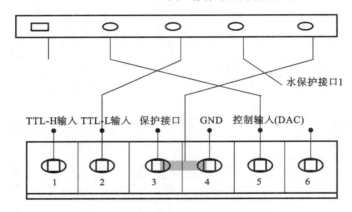

图 3-46　激光器电源电气接线示意图

（3）继电器控制输出吹气信号接线如图 3-47 所示。

（4）继电器控制输出抬笔信号接线如图 3-48 所示。

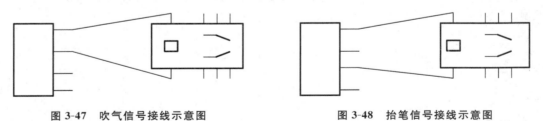

图 3-47　吹气信号接线示意图　　　　图 3-48　抬笔信号接线示意图

（5）输入光电限位开关信号接线如图 3-49 所示。

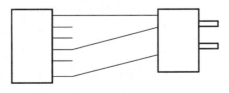

图 3-49　光电限位开关信号接线示意图

3.4 激光切割机主要器件连接知识

3.4.1 线路连接工具使用

在激光切割机的连接、装调、使用和维护维修过程中常常要使用到以下工具。

1. 数字万用表

1) 数字万用表外观

数字万用表外观如图 3-50 所示。

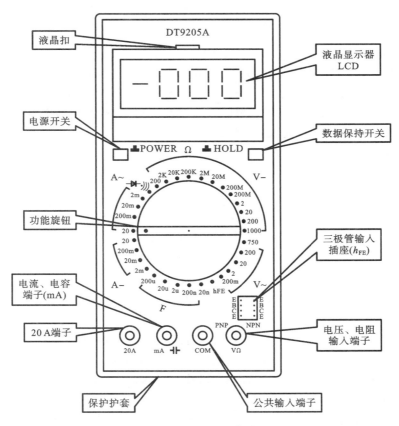

图 3-50 数字万用表外观

(1) Ω——电阻测量挡。

(2) V~——交流电压测量挡,V——直流电压测量挡。

(3) F——电容测量挡。

(4) A~——交流电流测量挡,A——直流电流测量挡。

(5) ▷|—— 二极管蜂鸣挡。

2) 测量电压

(1) 将黑表笔插入 COM 端口,红表笔插入 VΩ 端口。

(2) 功能旋转开关打至 V～(交流)或 V—(直流),并选择合适的量程。

(3) 红表笔探针接触被测电路正端,黑表笔探针接地或接负端,即与被测线路并联。

(4) 读出 LCD 显示屏数字。

3) 测量电阻

(1) 关掉电路电源。

(2) 选择电阻挡(Ω)。

(3) 将黑色测试探头插入 COM 端口,红色测试探头插入 Ω 端口。

(4) 将探头前端跨接在器件两端,或想测电阻的那部分电路两端。

(5) 查看读数,确认测量单位(欧姆(Ω)、千欧(kΩ)或兆欧(MΩ))。

4) 测量电流

(1) 断开电路。

(2) 黑表笔插入 COM 端口,红表笔插入 mA 端口或 20 A 端口。

(3) 功能旋转开关打至 A～(交流)或 A—(直流),并选择合适的量程。

(4) 断开被测线路,将数字万用表串联接入被测线路中,被测线路中电流从一端流入红表笔,经万用表黑表笔流出,再流入被测线路中。

(5) 接通电路。

(6) 读出 LCD 显示屏数字。

5) 测量电容

(1) 将电容两端短接,对电容进行放电,确保数字万用表的安全。

(2) 将功能旋转开关打至电容(C)测量挡,并选择合适的量程。

(3) 将电容插入万用表—||—插孔或 C-X 端口。

(4) 读出 LCD 显示屏数字。

电容的单位:1 F＝1000 mF＝1000 μF＝1000 nF＝1000 pF。

6) 二极管蜂鸣挡的作用

(1) 判断二极管的好坏状态:二极管最重要的特性是单向导通性。

▷|—

图 3-51 二极管示意图

将功能旋转开关打在 ▷|— 挡,红表笔插在右一孔内,黑表笔插在右二孔内,两支表笔的前端分别接二极管的两极,如图 3-51 所示,然后颠倒表笔再测一次。

如果两次测量的结果是一次显示"1"字样,另一次显示零点几的数字,那么此二极管就是一个正常的二极管;假如两次显示都相同的话,那么此二极管已经反向击穿,LCD 上显示的一个数字即是二极管的正向压降:硅材料为 0.6 V 左右;锗材料为 0.2 V 左右,根据二极管的特性,可以判断此时红表笔接的是二极管的正极,而黑表笔接的是二极管的负极。

(2) 线路通断短路检查:将功能旋转开关打在 ▷|— 挡,表笔位置同上。用两表笔的另一端分别接被测两点,若此两点确实短路,则万用表中的蜂鸣器发出声响。

7）数字万用表使用注意事项

（1）如果无法预先估计被测电压或电流的大小，则应先拨至最高量程挡测量一次，再视情况逐渐把量程减小到合适位置。测量完毕，应将量程开关拨到最高电压挡，并关闭电源。

（2）满量程时，仪表仅在最高位显示数字"1"，其他位均消失，这时应选择更高的量程。

（3）测量电压时，应将数字万用表与被测电路并联。测量电流时，应将数字万用表与被测电路串联。测直流量时不必考虑正、负极性。

（4）当误用交流电压挡去测量直流电压，或者误用直流电压挡去测量交流电压时，显示屏将显示"000"，或低位上的数字出现跳动。

（5）禁止在测量高电压（220 V 以上）或大电流（0.5 A 以上）时换量程，以防止产生电弧，烧毁开关触点。

2. 剥线钳

1）剥线钳外观与功能

剥线钳是用来剥离小直径导线绝缘层的专用工具，由钳头和手柄两部分组成，钳头部分由压线口和规格不大于 6 mm² 的多个钳口构成，用来剥离不同规格线芯的绝缘层。手柄上套有额定工作电压 500 V 的绝缘套管，如图 3-52 所示。

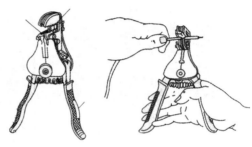

图 3-52　剥线钳外观及使用

使用时标定好导线待剥离的绝缘层长度，然后压拢手柄，绝缘层即剥离且自动弹出。

2）剥线钳使用要点

（1）要根据导线直径，选用剥线钳刀片的孔径。

（2）根据缆线的粗细，选择相应的剥线刀口。

（3）将准备好的电缆放在剥线工具的刀刃中间，选择好要剥线的长度。

（4）握住剥线工具手柄，将电缆夹住，缓缓用力使电缆外表皮慢慢剥落。

（5）松开手柄取出电缆线，电缆金属整齐露出外面，其余绝缘塑料完好无损。

3. 压线钳

1）压线钳外观与功能

压线钳用于压制线材制造各类接线端子，压头形状种类繁多，如六角形、方形、椭圆、月牙、凹字形，如图 3-53 所示。

2）压线钳使用方法

（1）将导线进行剥线处理，裸线长度约 1.5 mm，与压线片的压线部位大致相等。

（2）将压线片的开口方向向着压线槽放入，并使压线片尾部的金属带与压线钳平齐。

（3）将导线插入压线片，对齐后压紧。

（4）观察压线效果，掰去压线片尾部的金属带即可使用，如图 3-54 所示。

4. 试电笔

1）试电笔外观与功能

试电笔是用来测量物件是否带电的工具。普通试电笔主要由笔尖金属体、电阻、氖管、

图 3-53　压线钳外观及使用

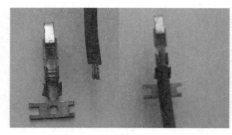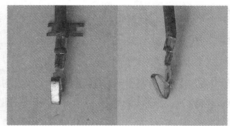

图 3-54　压线过程

电阻　氖管　小窗　弹簧

笔尖金属体　　笔尾金属体

图 3-55　试电笔外观示意图

弹簧和笔尾金属体组成,结构上有钢笔式、螺丝刀式、电子式等不同类型,如图 3-55 所示。

用试电笔测试带电物体时,电流经带电体、电笔、人体及大地形成通电回路,带电体与大地的电位差超过 60 V 时,电笔中的氖管就会发光,电压范围为 60～500 V。

2) 试电笔使用方法

(1) 使用前必须在有电源处对试电笔进行测试,确认正常方可使用。

(2) 使用时手指必须触及笔尾的金属部分,氖管小窗背光且朝向使用者。

(3) 使用时要防止手指触及笔尖的金属部分造成触电事故,如图 3-56 所示。

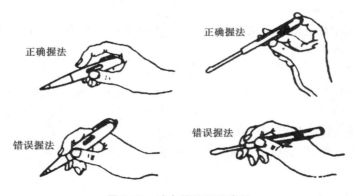

正确握法　　正确握法

错误握法　　错误握法

图 3-56　试电笔使用示意图

5．电工刀

1）电工刀外观与功能

电工刀是用来剖削电线线头、切割木台缺口、削制木榫的专用工具，外形及使用方法如图3-57所示。

2）电工刀使用方法

（1）电工刀刀柄无绝缘保护，不能用于带电作业，以免触电。

（2）使用时应该将刀口朝外剖削。切削导线绝缘层时，应使刀面贴近导线，以免割伤线芯。

（3）使用时应该注意避免伤手，使用完毕应将刀身折进刀柄。

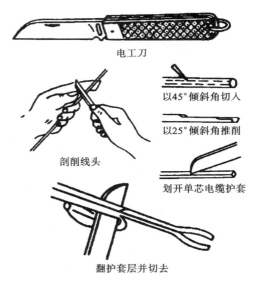

图 3-57　电工刀外观及使用示意图

6．电烙铁及辅助工具

1）电烙铁外观与功能

电烙铁是最常用的元件焊接工具，为了方便焊接操作通常和尖嘴钳、偏口钳、镊子和小刀等辅助工具一起使用，外形如图3-58所示。

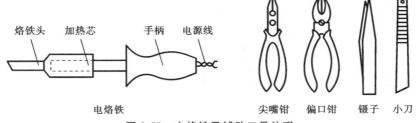

图 3-58　电烙铁及辅助工具外观

电烙铁有笔握法和拳握法两种，如图3-59所示。

焊接元件时常用内含松香助焊剂的焊锡丝焊料，如图3-60所示。

图 3-59　电烙铁握法示意图

图 3-60　焊锡丝焊料外形示意图

2）电烙铁使用方法

（1）使用前应检查电源插头、电源线有无损坏，烙铁头是否松动。

（2）焊接较小元件时，时间不宜过长，以免因热损坏元件或绝缘。

（3）使用中不能用力敲击，烙铁头上焊锡过多时，不可乱甩，以防烫伤他人。

（4）焊接完毕应拔去电源插头，将电烙铁置于金属支架上，防止烫伤或火灾的发生。

3.4.2　器件导线连接知识

1. 激光设备中常用导线种类

1）电源软导线和硬导线

软线是由多股铜线组成，适合用做中小功率激光设备和器件的电源线，如振镜、工控机等器件的电源线，如图 3-61 所示。硬线是由单股铜线组成，适合做大中功率激光设备和器件的电源线，如激光器、冷水机组等器件的电源线。

2）信号屏蔽线

信号屏蔽线是使用金属网状编织层把信号线包裹起来的传输线，由编织层和屏蔽层组成，能够实现静电（或高压）屏蔽、电磁屏蔽的效果，有单芯、双芯和多芯等数种，一般用在 1 MHz 以下的场合，如图 3-62 所示。

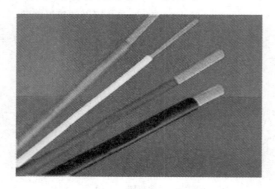

图 3-61　电源软导线示意图

图 3-62　信号屏蔽线示意图

屏蔽线适合做中小功率激光设备的电源线和信号线。

3）扁平电缆

扁平电缆也称为排线，适用额定电压 450 V/70 V 及以下的电气设备中，整齐不扭结，采用对插连接，没有焊接点，通常用在激光设备中的振镜、工控机等器件的信号线，如图 3-63 所示。

4）双绞线

双绞线（twisted pair，TP），把两根绝缘的铜导线互相绞在一起，每一根导线在传输中辐射出来的电磁波会被另一根线上发出的电磁波抵消，有效降低信号干扰的程度，通常用在激光设备中的振镜、工控机等器件的信号线，如图 3-64 所示。

2. 导线连接的要求与方法

1）导线连接的基本要求

导线连接的基本要求是：连接牢固可靠、接头电阻小、机械强度高、耐腐蚀耐氧化、电气绝缘性能好。

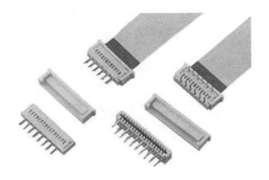

图 3-63　扁平电缆示意图

图 3-64　双绞线示意图

2）常用连接方法

常用的导线连接方法有绞合连接、紧压连接、焊接等。

（1）绞合连接：将需连接导线的芯线直接紧密绞合在一起，铜导线常用绞合连接。

① 单股铜导线的直接连接：小截面单股铜导线连接方法如图 3-65 所示，先将两导线的芯线线头作 X 形交叉，再将它们相互缠绕 2～3 圈后扳直两线头，然后将每个线头在另一芯线上紧贴密绕 5～6 圈后剪去多余线头即可。

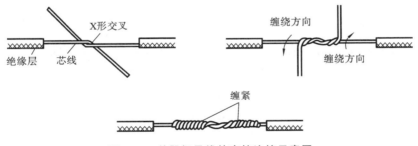

图 3-65　单股铜导线的直接连接示意图

② 大截面单股铜导线连接：先在两导线的芯线重叠处填入一根相同直径的芯线，再用一根截面约 1.5 mm² 的裸铜线在其上紧密缠绕，缠绕长度为导线直径的 10 倍左右，然后将被连接导线的芯线线头分别折回，再将两端的缠绕裸铜线继续缠绕 5～6 圈后剪去多余线头即可，如图 3-66 所示。

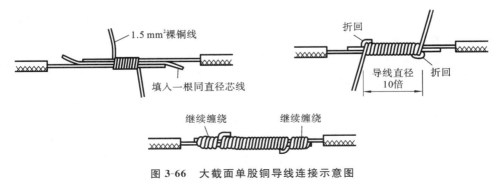

图 3-66　大截面单股铜导线连接示意图

③ 不同截面单股铜导线连接：先将细导线的芯线在粗导线的芯线上紧密缠绕 5～6 圈，然后将粗导线芯线的线头折回紧压在缠绕层上，再用细导线芯线在其上继续缠绕 3～4 圈后剪去多余线头即可，如图 3-67 所示。

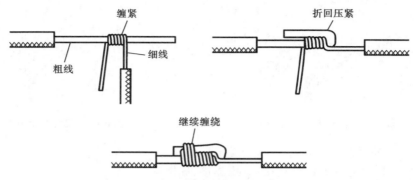

图 3-67　不同截面单股铜导线连接示意图

④ 同一方向导线的连接：当需要连接的导线来自同一方向时，可以采用以下方法。

对于单股导线，可将一根导线的芯线紧密缠绕在其他导线的芯线上，再将其他芯线的线头折回压紧即可，如图 3-68 所示。

图 3-68　同一方向导线的连接方法 1

对于多股导线，可将两根导线的芯线互相交叉，然后绞合拧紧即可，如图 3-69 所示。

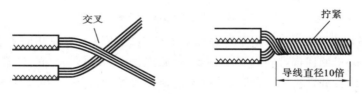

图 3-69　同一方向导线的连接方法 2

对于单股导线与多股导线的连接，可将多股导线的芯线紧密缠绕在单股导线的芯线上，再将单股芯线的线头折回压紧即可，如图 3-70 所示。

（2）紧压连接：紧压连接是指用铜或铝套管套在被连接的芯线上，再用压接钳或压接模具压紧套管使芯线保持连接，如图 3-71 所示。

紧压连接前先清除导线芯线表面和压接套管内壁上的氧化层和黏污物，确保接触良好。

（3）导线焊接：导线焊接是指将焊锡等焊料或导线本身熔化融合连接导线。

在激光设备中导线焊接连接一般采用锡焊，焊接前应先清除铜芯线接头部位的氧化层，将待连接的两根导线先行绞合，再涂上助焊剂，用电烙铁蘸焊锡进行焊接，如图 3-72 所示。

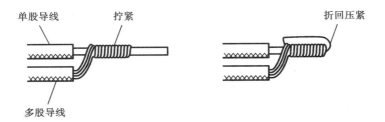

图 3-70 同一方向导线的连接方法 3

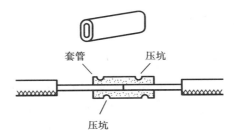

图 3-71 导线紧压连接示意图

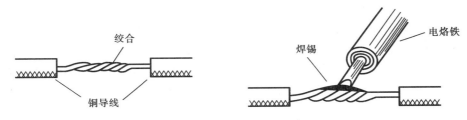

图 3-72 导线焊接连接示意图

3）导线连接的绝缘处理

导线连接完成后要对绝缘层已被去除的部位进行绝缘处理。

导线连接处的绝缘采用绝缘胶带进行缠裹包扎处理，常用的绝缘胶带有黄蜡带、涤纶薄膜带、黑胶布带、塑料胶带、橡胶胶带等。使用宽度为 20 mm 的绝缘胶带较为方便。

导线接头绝缘处理可按图 3-73 所示进行，先包缠一层黄蜡带，再包缠一层黑胶布带。

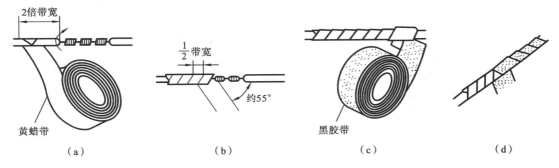

图 3-73 导线连接的绝缘处理

将黄蜡带从接头左边绝缘完好的绝缘层上开始包缠,包缠两圈后进入剥除了绝缘层的芯线部分,包缠时黄蜡带应与导线成 55°左右倾斜角,每圈压叠带宽的 1/2,直至包缠到接头右边两圈距离的完好绝缘层处。然后将黑胶布带接在黄蜡带的尾端,按另一斜叠方向从右向左包缠,仍每圈压叠带宽的 1/2,直至将黄蜡带完全包缠住。包缠处理中应用力拉紧胶带,注意不可稀疏,更不能露出芯线,以确保绝缘质量和用电安全。

对于 220 V 线路,也可不用黄蜡带,只用黑胶布带或塑料胶带包缠两层。在潮湿场所应使用聚氯乙烯绝缘胶带或涤纶绝缘胶带。

3.4.3　激光切割机器件连接

1. 激光切割机主要连接器件分析

图 3-74 是某型号玻璃管 CO_2 激光切割机主要器件连接示意图。

从器件连接示意图可以看出,激光切割机主要连接器件可以分为切割机供电系统、步进电机运动系统和激光器电源与激光器系统三个主要子系统,每个子系统连接又可以分为电源和控制信号两个大类。

2. 切割机供电系统器件连接

从图 3-74 中可以知道,激光切割机供电系统主供电电路是由外部提供 220 V 交流电,主电路火线为红色,零线为黑色。

开关 K1 为总开关,当开关 K1 闭合时交流接触器 J1 吸合,J1-1、J1-2 处于导通状态,这时吹气泵电源、照明电源、风扇、水泵电机交流器件等都处于通电状态开始工作,5 V 开关电源也可以输出直流电。

按下 K2 开关,24 V 开关电源通电输出 24 V 直流电,为步进电机运动系统工作做好准备。

按下 K3 开关,激光器电源及其冷却风扇供电完成。

3. 步进电机运动系统器件连接

1) 步进电机运动系统的供电电源与器件连接

(1) 供电电源:从图 3-75 可以看出,切割机上使用 24 V 直流开关电源给步进电机驱动器供电,同时还给步进电机供电。

开关电源具有功耗小、效率高、体积小、重量轻、稳压范围宽等优点,开关电源的缺点是存在较为严重的开关干扰,如果不进行抑制、消除和屏蔽,就会严重地影响激光设备的正常工作,也会对附近的其他设备产生干扰。

(2) 直流开关电源端口识别:以明玮 SE-350-24 直流开关电源来介绍直流开关电源端口的识别与测量。

① 直流开关电源外形:图 3-76 是明玮 SE-350-24 直流开关电源的外形,有 9 个连接端子和 1 个工作状态显示 LED 灯。

② 直流开关电源端口定义:表 3-17 所示的是明玮 SE-350-24 直流开关电源的端口定义,它的功能解释如下。

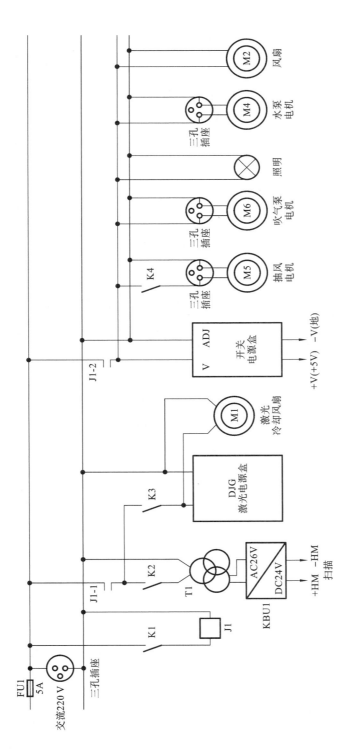

图3-74 玻璃管CO_2激光切割机的主要器件连接示意图

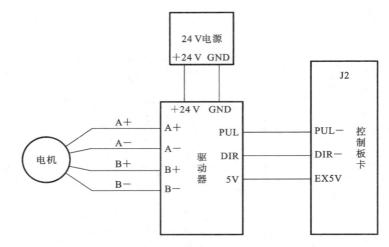

图 3-75　步进电机运动系统器件连接示意图

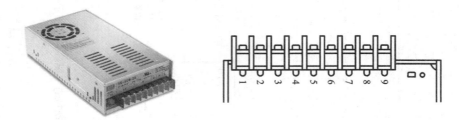

图 3-76　直流开关电源外形

表 3-17　激光器输入电源端口定义

引脚编号	引脚功能	引脚编号	引脚功能
1	AC/L	4~6	DC OUTPUT－V
2	AC/N	7~9	DC OUTPUT＋V
3	FG⏚		

L:接 220 V 交流火线;

N:接 220 V 交流零线;

FG:接大地;

G:直流输出的地;

＋24 V:输出＋24 V 的端口;

ADJ:开关电源上输出标称额定电压一般情况下是不需要调整的。此电位器可以让用户根据实际使用情况在一个较小的范围内调节实际输出电压。

如果激光器开关电源上电后工作正常,电源指示灯(POWER,绿色灯)亮,输出(DC 31±1 V)的电压。

(3) 开关电源连接与测量注意事项如下。

① 连接电源前,先确认输入电压与开关电源的标称值是否相同。本电源使用 220 V AC

输入,也有 110 V AC、24 V DC 或 48 V DC 等其他类型。

② 通电前仔细检查输入/输出连线是否连接正确、牢固。

③ 检查安装螺丝与电源板器件,测量电源外壳与输入/输出的绝缘电阻,以免触电。

④ 为保证使用的安全性和减少干扰,确保接地端可靠接地。

⑤ 输出端子有多位接线端时均匀接入负载,一般要求每路至少带 10% 负载。

2）步进电机运动系统的信号控制与器件连接

步进电机驱动器接法一般分为共阳极接法、共阴极接法和差分方式接法三种接线方法。不管采用什么接法都要确保驱动器光耦的电流在 $10 \sim 15$ mA 范围内;否则,电流过小,驱动器工作不稳定,有丢步等问题,电流过大,会损坏驱动器。

（1）共阳极接法器件连接:共阳极接法是指驱动器控制信号的阳极都连在一起,而阴极分别连接不同的器件,如图 3-77 所示。

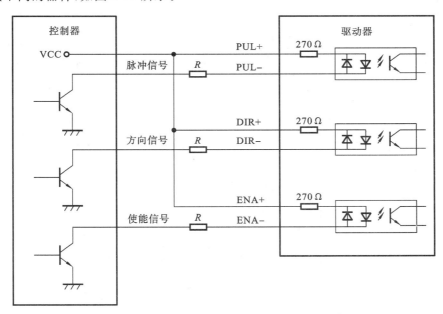

图 3-77 共阳极接法器件连接示意图

（2）共阴极接法器件连接:共阴极接法是指驱动器控制信号的阴极都连在一起,而阳极分别连接不同的器件,如图 3-78 所示。

（3）差分方式接法器件连接:差分方式接法是指驱动器控制信号的阳极和阴极分别连接不同的器件,如图 3-79 所示。

本书步进电机信号运动系统的器件连接采用的是共阳极接法,从控制板卡 J2、J3 的 EX5V 分别接到步进电机驱动器的 PUL+\DIR+ 上,控制板卡上的 PLU-、DIR- 端与驱动器上的 PUL-、DIR- 端一一对应。

4. 激光器电源及激光器系统的连接

激光器电源直接和玻璃管 CO_2 激光器相连,如图 3-80 所示。

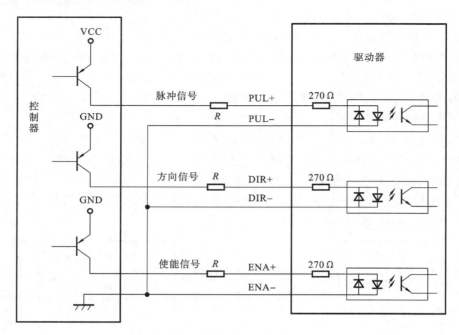

图 3-78 共阴极接法器件连接示意图

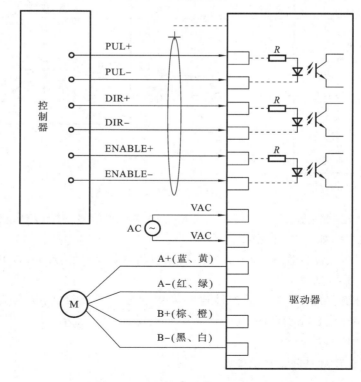

图 3-79 差分方式接法器件连接示意图

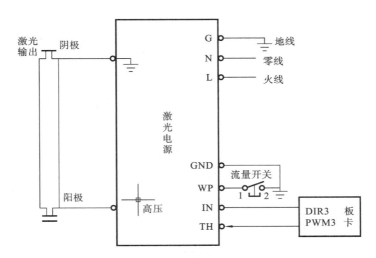

图 3-80　激光器电源与玻璃管 CO_2 激光器连接示意图

1）激光器电源的供电电源与器件连接

（1）激光器电源主要技术参数，如表 3-18 所示。

表 3-18　激光器电源主要技术参数

输入参数	输入电压	AC 220 V 或 AC 110 V
	交流频率	47～440 Hz
输出参数	最大输出电压	DC 35 kV
	最大输出电流	DC 23 mA
控制接口	TTL 电平开关控制，有效电平可高、低选择	
使用环境	工作温度：－10 ℃～40 ℃，相对湿度：≤90%	
冷却形式	强制风冷	
外形尺寸	$L×W×H=207\ mm×144\ mm×91\ mm$	

玻璃管 CO_2 激光器电源是高压小电流直流电源，使用过程中要防范触电风险。

（2）激光器电源器件连接。

① 激光管的连接：激光器电源输出的高压端（HV＋）与 CO_2 激光管的阳极（全反射端）相连，地端与 CO_2 激光管的阴极（激光输出端）相连。

② 控制信号的连接：将控制板卡的控制信号线按要求分别可靠接入电源的控制端，并保证控制板卡的地、激光器电源的机壳、激光机的机壳及计算机的机壳可靠连接在一起。

通电出光不正确应检查控制信号是否正确（电压值和逻辑关系），若用 PWM 方式控制激光器功率应保证 PWM 的频率 $f≥20\ kHz$，幅值（峰-峰值）≤5 V，并检查流量保护开关 WP 的连接方式是否正确。

③ 保护装置连接：电源有一组保护开关，可串联通水开关、风机开关、打开外壳时的保护等。

④ 连接注意事项：激光管工作时必须通水冷却；高压输出端正负端与激光器正负端必须

正确连接,不得开路;电源停电后电源内部及激光器上仍有残余电压,如果需要接触激光器的电极,要用电线将激光器的正负电极短接,将残余电压放完。

⑤ HY-HV CO2 电源必须使用带接地端的三孔插座。

2）激光器电源的信号控制与器件连接

激光器电源的信号控制与器件连接接线图及端子说明如图 3-81 所示。

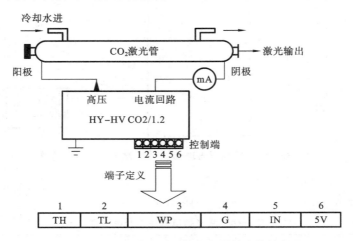

图 3-81　激光器电源信号控制与器件连接接线图

（1）信号控制端子定义,如表 3-19 所示。

表 3-19　信号控制端子定义

TH	输入信号	开关光控制,高电平（≥3 V）时出光,低电平（≤0.3 V）时不出光
TL	输入信号	开关光控制,高电平（≥3 V）时不出光,低电平（≤0.3 V）时出光
WP	输入信号	开关光控制,高电平（≥3 V）时不出光,低电平（≤0.3 V）时出光
G	信号地	此脚必须和激光机的机壳、控制板卡的地良好相连
IN	输入信号	激光功率控制,可用 0～5 V 模拟信号和 5 V 幅值的 PWM 信号控制
5V	输出电源	5 V 输出,其最大输出电流为 20 mA

注意：WP 输入端可以作为通水开关或风机开关的检测端,WP 和地之间若可以通过空节点相连,则通过光耦和地相连接时 WP 必须接光耦的集电极,如图 3-82 所示。

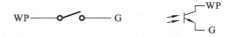

图 3-82　WP 输入端连接方式示意图

（2）控制端子功能设置效果,如表 3-20 所示。

（3）电源和控制板卡连接推荐实际案例。

① 高电平出光控制,如图 3-83 所示。

② 低电平出光控制,如图 3-84 所示。

表 3-20 控制端子功能设置效果

TH	TL	WP	IN	激光输出
悬空	低≤0.3 V	低≤0.3 V	0~5 V 或 PWM	出光,功率 P_{min}~P_{max}
	低≤0.3 V		悬空	约40%激光输出
	高≥3 V		无论为何值	不出光
高≥3 V	悬空		0~5 V 或 PWM	出光,功率 P_{min}~P_{max}
低≤0.3 V			悬空	约有40%的激光输出
低≤0.3 V			无论为何值	不出光
无论为何值	无论为何值	高≥3 V		不出光

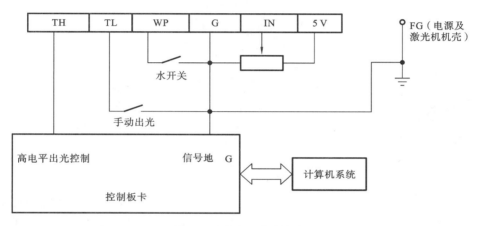

图 3-83 高电平出光控制

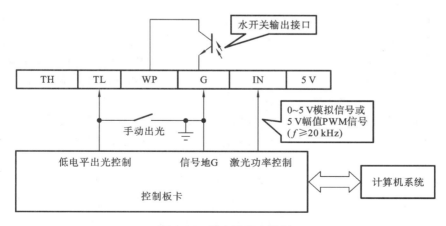

图 3-84 低电平出光控制

在实际案例中,如果采用的是低电平出光控制的接法,把控制板卡上 J8 端口引出的 PWM3、DIR3、GND 分别接入激光器电源上的 TL、IN、G 端口;激光器电源水保护接线把激光冷水机上水流开关的 2 根信号线接到两芯航插上,再通过两芯航插的接头接到激光器电源的 WP、G 端子上。

5. 切割控制行程开关系统的连接

1）行程开关知识

行程开关又称限位开关，是激光切割机步进电机运动系统行程控制、限位保护、报警、联锁启停等功能实现的主要器件。限位开关可以分为接触式和非接触式两个大类。

（1）接触式限位开关分类及结构：接触式限位开关利用机械运动部件的碰撞使其触头动作来实现接通或分断控制电路，按其结构可分为直动式、滚轮式、微动式，如图 3-85(a)、(b)、(c)所示。

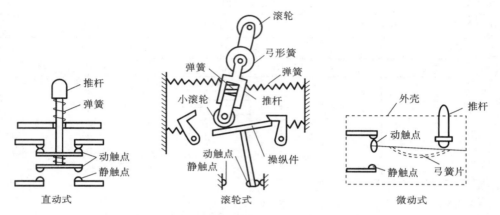

图 3-85　接触式限位开关结构和工作状态

直动式限位开关工作时，外界运动部件上的撞块碰压直动式限位开关的推杆使动触点和静触点的连接线路发生变化，当运动部件离开后，在弹簧作用下触点自动复位。直动式限位开关不宜用于速度低于 0.4 m/min 的场所。

滚轮式限位开关工作时，外界运动部件上的撞块碰压到滚轮时，传动杠连同转轴一同转动，使小滚轮压迫操纵件改变动触点和静触点的连接线路。当滚轮挡铁移开后，复位弹簧就使行程开关复位。滚轮式限位开关又分为单滚轮自动复位和双滚轮非自动复位两种结构，双滚轮行程开关具有两个稳态位置，有"记忆"作用，在某些情况下可以简化线路。

微动限位开关工作过程与直动式限位开关类似。

（2）非接触式限位开关分类及结构：非接触式限位开关又称接近开关，无需接触即可检测运动系统的接近状态，常见的有光电式、磁感应式等，非接触式的限位开关一般由发射器和接收器组成。

磁感应式接近开关工作时内部产生高频磁场，如果工作台运动到达设定位置，金属挡块接近磁场产生感生电流改变原有电流大小，发出指令改变工作台状态，如图 3-86 所示。

光电式限位开关发射端和接收端放置在不同位置，如果工作台运动到达设定位置，在发射端和接收端之间的光会被遮挡，发出指令改变工作台状态，如图 3-87 所示。

2）激光切割机限位开关的连接案例

图 3-88 是某型号激光切割机限位开关的连接案例示意图。

在此案例中，X、Y 轴的上、下限位开关常开端接控制板卡 J9 的 XGND 端，另一端接 J9

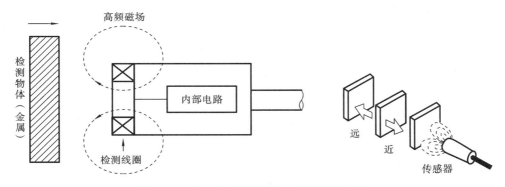

图 3-86 磁感应式接近开关工作原理示意图

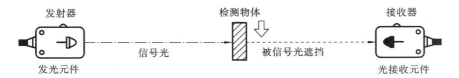

图 3-87 光电式限位开关工作原理示意图

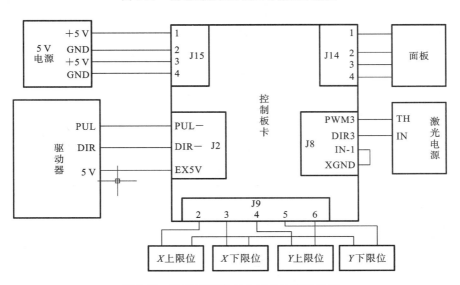

图 3-88 激光切割机限位开关的连接案例

相对应的 IN-2、IN-3、IN-4、IN-5 端。

限位信号一般都设置成低电平有效,所以接常开,只有在接通时限位信号才触发。

3.5 玻璃管 CO_2 激光切割机器件连接技能训练

根据前面所讲述的激光切割机器件分类知识,玻璃管 CO_2 激光切割机器件连接技能训练大致可以分为供电系统器件连接技能训练、步进电机运动系统器件连接技能训练、激光器电源及激光器系统器件连接技能训练和控制系统器件连接技能训练等4个子任务,这几个子任务之间的部分内容有一些重叠,大家可以举一反三,不一定完全机械照抄。

技能训练的基本方法还是以激光设备制造企业的实际工作过程(即资讯—决策—计划—实施—检验—评价六个步骤)为导向,兼顾一体化课程的教学过程组织要求,通过教学项目的实施过程掌握打标机装调所涉及的主要知识点和技能点。

3.5.1 供电系统器件连接技能训练

供电系统器件连接技能训练的第一步工作是切割机供电系统主要器件及附件的信息搜集与分析,掌握主要器件及附件的品牌、规格、性能、价格与作用等。

上述信息在教材的理论知识部分和作业指导书中都有叙述,我们只要将其搜集整理在下述表格中即可。

(1)搜集供电系统器件及连接信息,填写下列表格。

① 搜集供电系统器件信息,填写表3-21。

表 3-21　供电系统器件信息表

类型	序号	名称	选型依据	供应商	规格型号	价格
	1					
	2					
	3					
	4					
	5					
	6					

② 搜集供电系统器件连接信息,填写表3-22。

表 3-22　供电系统器件连接信息表

序号	连接器件	主要信息
1	外部电源 开关电源	连接功能: 导线规格: 连接方法:
2	外部电源 激光器电源	连接功能: 导线规格: 连接方法:
3	外部电源 步进电机驱动器	连接功能: 导线规格: 连接方法:
4	外部电源 冷水机	连接功能: 导线规格: 连接方法:

（2）识别供电系统连接主要器件与材料，填写表 3-23 所示的领料单。

表 3-23　供电系统器件领料单

领料单						No.	
领料项目：							
编码	名称	型号/规格	单位	数量	检验		备注
记账：	发料：	主管：		领料：	检验：		制单：

（3）制订供电系统器件连接工作计划，填写表 3-24。

表 3-24　供电系统器件连接工作计划表

序号	工作流程		主要工作内容
1	任务准备	填写领料单	
		工具准备	
		场地准备	
		资料准备	
2	供电系统连接工作计划	1	检查所有部件是否完整
		2	钥匙开关、2 个自锁按钮开关装在机箱上，在机箱后面的孔位上装上带有 2 个三孔、1 个一孔的插座
		3	带保险丝的三孔插座和两芯航插固定在机箱后面
		4	分别把 36 V 开关电源、5 V 开关电源、X、Y 电机驱动器、控制板卡按顺序固定在配电板上，另在配电板两边装上线槽
		5	把激光器电源固定在机箱内部 注意：激光器电源与配电板要保持一定的距离
		6	参照电路图把所有电线上用的线号定义用线号机打印出来
		7	参照电气电路图接好切割机的 220 V 交流电的主线路，主线路火线用 1.5 平方的红色电线，零线用 1.5 平方的黑色电线
3	注意事项		火线、零线不要接反，钥匙开关、按钮开关接常开挡 使用压线钳压端子时要压牢，最好再上点焊锡 接线端子上的所有螺钉不得有松动现象，接线号码管正确、清晰，布线要求正确、整齐、美观、接地良好

（4）实际连接供电系统器件，填写表 3-25。

表 3-25　供电系统器件连接工作记录表

工作流程	工作内容	工作记录	存在的问题及解决方案
任务准备	填写领料单		
	工具准备		
	场地准备		
	资料准备		
供电系统器件连接工作流程			

（5）任务检验与评估，填写表 3-26 所示的质量检查表。

表 3-26　供电系统器件连接工作质量检查表

项目任务	连接器件	作业标准	作业结果检测	
			合格	不合格
子任务 1	急停开关与按钮开关	急停开关选择常闭端口连接，接线牢固		
		按钮开关选择常开端口连接，接线牢固		
		急停开关与按钮开关连接牢固，导通，不与其他部位短路		
	激光器电源	控制按钮开关与激光器电源连接牢固，导通，不与其他部位短路		
		激光器与激光器电源连接牢固，导通，不与其他部位短路		
	开关电源	36 V 开关电源与控制按钮开关连接牢固，导通，不与其他部位短路		
		5 V 开关电源与控制按钮开关连接牢固，导通，不与其他部位短路		
	抽风机	抽风机供电与控制按钮开关连接牢固，导通，不与其他部位短路		
	冷水机	冷水机供电与控制按钮开关连接牢固，导通，不与其他部位短路		

3.5.2　步进电机运动系统器件连接技能训练

步进电机运动系统器件连接技能训练的第一步工作是进行步进电机运动系统主要器件及附件的信息搜集与分析，掌握主要器件及附件的接线。

上述信息在教材的理论知识部分和作业指导书中都有叙述，我们只要将其搜集整理在下述表格中即可。

（1）搜集步进电机运动系统器件连接信息，填写表 3-27。

表 3-27　步进电机运动系统器件连接信息表

序号	连接器件	主要信息
1	步进电机	连接功能：
	步进电机驱动器	导线规格： 连接方法：
2	开关电源	连接功能：
	步进电机驱动器	导线规格： 连接方法：
3	切割控制卡	连接功能：
	步进电机驱动器	导线规格： 连接方法：

（2）识别步进电机运动系统连接器件与材料，填写表 3-28 所示的领料单。

表 3-28　步进电机运动系统器件连接领料单

领料单					No.	
领料项目：						
编码	名称	型号/规格	单位	数量	检验	备注
记账：	发料：	主管：		领料：	检验：	制单：

（3）制订步进电机运动系统器件连接工作计划，填写表 3-29。

表 3-29　步进电机运动系统器件连接工作计划表

序号	工作流程	主要工作内容	
1	任务准备	领料单	
		工具准备	
		场地准备	
		资料准备	
2	电机系统连接工作计划	1	检查所有器件是否完整、导线是否合格
		2	将步进电机驱动器预固定
		3	连接步进电机与步进电机驱动器
		4	连接开关电源与步进电机驱动器
		5	连接切割控制卡与步进电机驱动器
		6	安装完成后质量检测
3	注意事项		

（4）实际连接电机系统器件，填写表 3-30。

表 3-30 步进电机运动系统器件连接工作记录表

工作流程	工作内容	工作记录	存在的问题及解决方案
任务准备	填写领料单		
	工具准备		
	场地准备		
	资料准备		
步进电机运动系统器件连接工作流程			

（5）任务检验与评估，填写质量检查，如表 3-31 所示。

表 3-31 步进电机运动系统器件连接工作质量检查表

项目任务	连接器件	作业标准	作业结果检测	
			合格	不合格
子任务 1	步进电机与步进电机驱动器	两相步进电机分相是否正确		
		A＋ A－与一相步进电机线圈连接牢固，导通，不与其他部位短路		
		B＋ B－与一相步进电机线圈连接牢固，导通，不与其他部位短路		
子任务 2	开关电源与步进电机驱动器	开关电源＋36 V 脚接步进电机驱动器＋V 脚，连接牢固，导通，不与其他部位短路		
		开关电源 G 脚接步进电机驱动器 G 脚，连接牢固，导通，不与其他部位短路		
子任务 3	控制卡与步进电机驱动器	控制卡 J2/J3 端 EX5V 接步进电机驱动器 PUL＋/DIR＋脚，连接牢固，导通，不与其他部位短路		
		控制卡 J2/J3 端 PUL 接步进电机驱动器 PUL－脚，连接牢固，导通，不与其他部位短路		
		控制卡 J2/J3 端 DIR 接步进电机驱动器 DIR－脚，连接牢固，导通，不与其他部位短路		

3.5.3 激光器电源及激光器系统器件连接技能训练

激光器电源及激光器系统器件连接技能训练的第一步工作是进行控制激光器电源及激光器系统主要器件及附件的信息搜集与分析，掌握主要器件及附件的接线。

上述信息在教材的理论知识部分和作业指导书中都有叙述，我们只要将其搜集整理在下述表格中即可。

（1）搜集激光器电源及激光器系统器件连接技能训练连接信息,填写表 3-32。

表 3-32　激光器电源及激光器系统器件连接信息表

序号	连接器件	主要信息
1	激光器电源	连接功能: 导线规格:
	激光器	连接方法:
2	激光器电源	连接功能: 导线规格:
	控制卡	连接方法:
3	激光器电源	连接功能: 导线规格:
	冷却系统	连接方法:

（2）识别激光器电源及激光器系统器件连接主要器件与材料,填写表 3-33 所示的领料单。

表 3-33　激光器电源及激光器系统器件领料单

领料单					No.	
领料项目:						
编码	名称	型号/规格	单位	数量	检验	备注
记账:	发料:	主管:		领料:	检验:	制单:

（3）制订激光器电源及激光器系统器件连接工作计划,填写表 3-34。

表 3-34　激光器电源及激光器系统器件连接工作计划表

序号	工作流程	主要工作内容	
1	任务准备	填写领料单	
		工具准备	
		场地准备	
		资料准备	
2	控制激光器电源及激光器系统连接工作计划	1	检查所有器件是否完整、导线是否合格
		2	将激光器电源预固定
		3	连接激光器电源与激光器
		4	连接激光器电源与切割控制卡
		5	连接激光器电源与冷却系统
		6	安装完成后质量检测
3	注意事项		

（4）实际连接激光器电源及激光器系统器件，填写表 3-35。

表 3-35　激光器电源及激光器系统器件连接工作记录表

工作流程	工作内容	工作记录	存在的问题及解决方案
任务准备	填写领料单		
	工具准备		
	场地准备		
	资料准备		
激光器电源及激光器系统器件连接			

（5）任务检验与评估，填写连接质量检查表，如表 3-36 所示。

表 3-36　激光器电源及激光器系统器件连接工作质量检查表

项目任务	连接器件	作业标准	作业结果检测	
			合格	不合格
子任务 1	激光器电源与激光器	激光器电源的阳极接激光器的阳极端，连接牢固，导通，不与其他部位短路		
		激光器电源的阴极接激光器的阴极端，连接牢固，导通，不与其他部位短路		
子任务 2	激光器电源与切割控制卡	控制卡 J8 端 PWM3 接激光器电源 IN 脚，连接牢固，导通，不与其他部位短路		
		控制卡 J8 端 DIR3 接激光器电源 TL 脚，连接牢固，导通，不与其他部位短路		
		控制卡 J8 端 XGND 接激光器电源 GND 脚，连接牢固，导通，不与其他部位短路		
子任务 3	激光器电源与冷却系统	激光器电源 IN-1 端接冷却系统流量信号输出端，连接牢固，导通，不与其他部位短路		
		激光器电源 XGND 端接冷却系统流量信号输出端，连接牢固，导通，不与其他部位短路		

3.5.4　控制系统器件连接技能训练

控制系统器件连接技能训练的第一步工作是进行控制系统主要器件及附件的信息搜集与分析，掌握主要器件及附件的接线。

上述信息在教材的理论知识部分和作业指导书中都有叙述,我们只要将其搜集整理在下述表格中即可。

(1)控制系统器件连接信息,填写表 3-37。

表 3-37 控制系统器件连接信息表

序号	连接器件	主要信息
1	开关电源	连接功能:
		导线规格:
	控制卡	连接方法:
2	行程开关	连接功能:
		导线规格:
	控制卡	连接方法:
3	操作面板	连接功能:
		导线规格:
	控制卡	连接方法:

(2)识别控制系统连接主要器件与材料,填写表 3-38 所示的领料单。

表 3-38 控制系统器件连接领料单

领料单					No.		
领料项目:							
编码	名称	型号/规格	单位	数量	检验		备注
记账:	发料:	主管:		领料:	检验:		制单:

(3)制订控制系统器件连接工作计划,填写表 3-39。

表 3-39 控制系统器件连接工作计划表

序号	工作流程		主要工作内容
1	任务准备	领料单	
		工具准备	
		场地准备	
		资料准备	
2	控制系统连接工作计划	1	检查所有器件是否完整、导线是否合格
		2	将控制卡预固定
		3	连接控制卡与 5 V 开关电源
		4	连接控制卡与行程开关
		5	连接控制卡与操作面板
		6	安装连接后质量检测
3	注意事项		

（4）实际连接控制系统器件，填写表 3-40。

表 3-40　控制系统连接工作记录表

工作流程	工作内容	工作记录	存在的问题及解决方案
任务准备	填写领料单		
	工具准备		
	场地准备		
	资料准备		
控制系统器件连接			

（5）任务检验与评估，填写质量检查表 3-41。

表 3-41　控制系统连接工作质量检查表

项目任务	连接器件	作业标准	作业结果检测	
			合格	不合格
子任务 1	控制卡与 5 V 开关电源	开关电源＋5 V 脚接控制卡 J15 端第 1、第 4 脚，连接牢固，导通，不与其他部位短路		
		开关电源 GND 脚接切割控制卡 J15 端第 2、第 3 脚，连接牢固，导通，不与其他部位短路		
子任务 2	控制卡与行程开关	控制卡 J9 端 IN-2 脚接 X 轴上限行程开关＋脚，连接牢固，导通，不与其他部位短路		
		控制卡 J9 端 IN-3 脚接 X 轴下限行程开关＋脚，连接牢固，导通，不与其他部位短路		
		控制卡 J9 端 IN-4 脚接 Y 轴上限行程开关＋脚，连接牢固，导通，不与其他部位短路		
		控制卡 J9 端 IN-5 脚接 Y 轴下限行程开关＋脚，连接牢固，导通，不与其他部位短路		
		控制卡 J9 端 XGND 脚接 X 轴上限、下限和 Y 轴上限、下限行程开关公共端脚，连接牢固，导通，不与其他部位短路		
子任务 3	控制卡与操作面板	控制卡 J14 端接操作面板，连接牢固，导通，不与其他部位短路		
		控制卡 J1 端接操作面板，连接牢固，导通，不与其他部位短路		

激光切割机光路系统装调知识与技能训练

4.1 X-Y飞行光路激光切割机光路系统器件装调知识

4.1.1 激光切割机部件安装知识

1. 空间物体六点定位原理

1）物体的自由度

一个自由的物体在空间直角坐标系中有六个活动可能性,分别是沿 X、Y、Z 轴的三个移动和绕 X、Y、Z 轴的三个转动,如图 4-1 所示。

我们把物体的这种活动可能性称为自由度,空间任意一个自由物体在直角坐标系中都具有六个自由度,激光切割机上所有的部件也不例外。

2）物体的定位与六点定位原理

（1）物体定位:物体定位就是根据物体的位置要求,用各种形状不同的定位方式来限制物体的全部或部分自由度。

（2）物体的六点定位原理:物体的六点定位原理是指用六个支撑点来分别限制物体的六个自由度,从而使物体在空间得到确定定位的方法。

2. 空间物体定位方式

1）完全定位

物体的六个自由度完全被限制的定位称为完全定位,如图 4-2 所示。

2）不完全定位

按部件安装定位要求,允许有一个或几个自由度不被限制的定位称为不完全定位。激光设备上的许多部件的定位可以采用不完全定位方式,如把激光器安装在机架上,一般而言只要求激光器的底面与安装平面平行就可以, X 方向移动的自由度就可以不作限制,如图 4-3 所示。

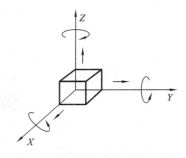

图 4-1 空间物体的自由度示意图

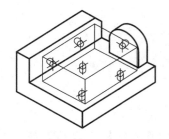

图 4-2 空间物体完全定位示意图

3）欠定位

根据安装定位要求应限制的自由度而未被限制的定位方法称为欠定位。欠定位是一种不正确的定位方式,是不允许出现的。

4）过定位

部件的一个或几个自由度被不同的定位元件重复限制的定位称为过定位或重复定位,如图 4-4 所示激光器 X 方向自由度上有左、右两个支承点限制,产生了过定位。

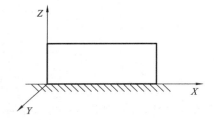

图 4-3 空间物体不完全定位示意图

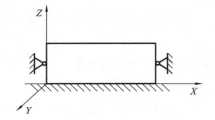

图 4-4 空间物体过定位示意图

3. 部件安装常见定位元件

六点定位原理是部件定位的基本法则,部件安装是通过有一定形状的几何体来限制部件自由度的,这些几何体称为定位元件,常用的定位元件有以下几种。

1）平面

平面定位限制自由度有 Z 方向移动、以 X 轴为轴心转动、以 Y 轴为轴心转动三个自由度,如图 4-5 所示。

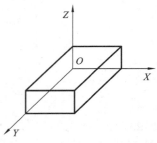

把激光器安装在机架或平板上,机架或平板就是一个典型的平面定位元件。

2）外圆柱面

外圆柱面结构有长外圆柱面和短外圆柱面之分,长外圆柱面限制自由度有 X 方向移动、Z 方向移动、以 X 轴为轴心转动、以 Z 轴为轴心转动四个自由度。短外圆柱面限制自由度有 X 方向移动、Z 方向移动两个自由度,如图 4-6 所示。

图 4-5 平面定位元件与限制
自由度示意图

把振镜安装在振镜连接颈端面上,振镜连接颈外端面就是一个典型的外圆柱面定位元件。

3) 圆孔

圆孔定位与外圆柱面定位结构类似,也有长圆孔和短圆孔之分,长圆孔限制自由度有 X 方向移动、Z 方向移动、以 X 轴为轴心转动、以 Z 轴为轴心转动四个自由度。短圆孔限制自由度有 X 方向移动、Z 方向移动两个自由度,如图 4-7 所示。

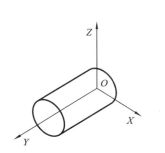 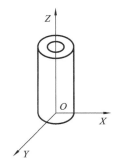

图 4-6 外圆柱面定位元件与自由度示意图   图 4-7 圆孔定位元件与限制自由度示意图

把扩束镜安装在振镜连接颈里面,振镜连接颈中心孔就是一个典型的圆孔定位元件。

上述定位元件可以组合使用,如短外圆柱面+平面、短轴+平面等。

4.1.2 玻璃管 CO_2 激光切割机光路系统装调知识

1. 激光切割机光路系统器件组成

中、小功率 CO_2 激光切割机光路系统采用 X-Y 扫描飞行光学结构,由 CO_2 激光器、第一反射镜、第二反射镜、第三反射镜、聚焦镜等器件组成,如图 4-8 所示。

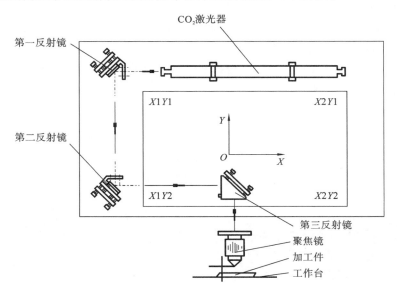

图 4-8 X-Y 扫描飞行光学结构光路系统器件示意图

上述光路系统主要器件必须可靠地安装在各类支撑元件上并方便调节才能得到最好的加工效果,这是激光切割机光路系统装调过程的基础工作。

由于激光光束远场发散角存在,X-Y 扫描系统在大的传输距离下,如工作幅面的右下角,激光的聚焦光斑直径、焦平面和聚焦深度将发生很大变化,对加工质量带来严重的影响,如图 4-9 所示。

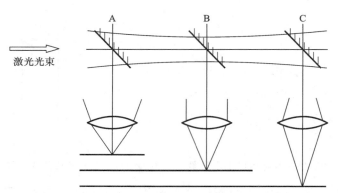

图 4-9 X-Y 扫描系统的远场发散角

为了克服上述问题,我们可以采取下列措施。

(1)设计长光路激光器,减小激光光束发散角。

(2)保证光程不变:工件移动、激光光束不动,或者激光光束只是做某个单方向的运动,尽量减少光程的变化。

有些系统激光头在一个方向(如 Y 方向)运动,工作台完成另一个方向(如 X 方向)运动。

(3)减小激光光束远场发散角,在导光系统中加入扩束镜。

(4)采用聚焦补偿。

① 在导光系统中采用 F 轴浮动聚焦,即在垂直于工件表面的 Z 轴上增加一个由控制系统自动控制的浮动聚焦头自动聚焦。

② 采用一组可变曲度的聚焦镜,有选择地改变聚焦镜的曲率,从而改变焦点位置。

2. 玻璃管 CO_2 激光器装调知识

1)玻璃管 CO_2 激光器的安装定位方式

在激光切割机中,玻璃管 CO_2 激光器安装在两个隔开一定距离的 V 型支座上,如图4-10所示。激光管 V 型支座下方有 X 方向和 Z 方向的调节螺钉,可以调节激光管的前后和上下方向,支座上方装有锁紧皮带,激光管安装定位好后皮带扣上并拧紧螺丝。

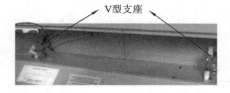 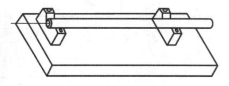

图 4-10 玻璃管 CO_2 激光器的安装定位方式

2）玻璃管 CO_2 激光器安装定位方式分析

玻璃管 CO_2 激光器安装在两个隔开一定距离的 V 型支座，相当于用一个长外圆柱面定位元件来确认玻璃管 CO_2 激光器的安装位置，如图 4-11 所示。

从图 4-11 可以看出，此时玻璃管 CO_2 激光器除了可以在 Y 方向移动、以 Y 轴为轴心转动外，X 方向移动、以 X 轴为轴心转动、Z 方向移动、以 Z 轴为轴心转动共四个自由度都受到了限制，属于满足部件安装定位要求的不完全定位方式。

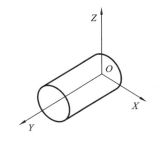

图 4-11 安装激光器调试光路过程的定位方式分析

在实际结构上，由于玻璃管 CO_2 激光器冷却水采用低进高出的方式，出水管的位置在下方，所以玻璃管以 Y 轴为轴心的转动也不是任意角度都可以，只有很小的范围可以调节。激光管 Y 方向也不是任意位置都可以移动的，与第一反射镜的距离要在 1 cm 左右。

3）安装玻璃管 CO_2 激光器、调试光路的任务

安装玻璃管 CO_2 激光器、调试光路的任务是将激光器发出的激光光束大致调试到第一反射镜的中心。

4）安装玻璃管 CO_2 激光器、调试光路的主要步骤

（1）将激光管出光口（负极端）朝第一反射镜方向放在 V 型支座上，将激光管支座上的皮带扣上并拧紧螺丝，将激光管固定好。

（2）固定好激光管后，将连接水保护一端的进水管与激光管负极端进水口相连接，另一根出水管与激光管高压端出水口连接好。

（3）连接激光管电源线到激光器电源。

（4）用调节 Z 方向螺钉调节激光器上、下位置。

（5）用调节 X 方向螺钉调节激光器左、右位置。

激光管的位置如果是左右偏移，则偏向哪方就往哪方调，即偏左就把激光管朝左的方向调整一点，偏右就把激光管向右调整一点。

激光管的位置如果是上下偏移，则朝相反方向调整，即偏上就将激光管向下调整一点，偏下就向上调整一点。

以上调整只是针对激光管负极端（出光口），如果要调整激光管正极端来达到相同的效果，则方向是相反的。

最终将激光器发出的激光定位在第一反射镜的中心。

3. 全反镜片装调知识

1）全反镜片的安装定位方式

在激光切割机中，全反镜片安装在反射镜架上，反射镜架上装有可以调节前后左右的三个调节螺钉，如图 4-12 所示。

2）全反镜片安装定位方式分析

全反镜片安装在反射镜架上圆形安装槽里，相当于用（一个平面＋一个短外圆柱面）定位元件来确认全反镜片的安装位置，如图 4-13 所示。

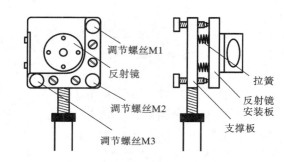

图 4-12 全反镜片的安装定位方式

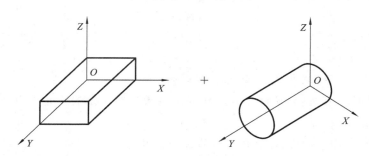

图 4-13 安装全反镜片定位方式分析

从图 4-13 可以看出,此时全反镜片除了可以在 Y 方向移动外,X 方向移动、Z 方向移动、以 X 轴为轴心转动、以 Y 轴为轴心转动、以 Z 轴为轴心转动共五个自由度都受到了限制,属于满足部件安装定位要求的不完全定位方式。

3) 安装全反镜片、调试光路的任务

安装全反镜片、调试光路的任务是将激光器发出的激光光束大致调试到反射镜片的中心。

4) 安装全反镜片、调试光路的主要步骤

(1) 先调整第一反射镜,把横梁移至离一号镜片最近处打上一个点,再移到最远处打一个点,通过调整镜片背后的三颗螺丝对镜片角度进行调整,使远处这个光点与第一个光点重合。

(2) 再调整第二反射镜,同样将激光头移至最靠近第二反射镜片的一端打一个光点,再移到最远处打一个光点,将远处的光点调整到与第一个光点重合即可。

最后检查激光头位于不同顶点处时,光点是否重合,如果不重合,请用上面方法重新调整光路,直到重合为止。四个点调整重合后,我们再看看这个点是否打在激光头入光孔中央,如果不是,关闭激光器电源,调整激光管的位置。

5) 反射镜片理论知识

(1) 作用:在 CO_2 激光光路中,反射镜有两个作用:第一,在激光管内反射镜作为激光窗口起到谐振腔的作用;第二,在激光管外反射镜和聚焦镜配合构成完整的光路系统。

(2) 反射镜片主要参数如下。

①基底材料:反射镜片基底材料应用最广的是硅,其次是铜,也有钼和镍金铜。

② 镜片镀膜:激光反射镜片镀膜除了要求有较高的反射率,还必须满足低光学损耗阈值和高激光损伤阈值。镀膜常用材料有金、银和多层介电膜。

4. 聚焦镜片装调知识

1) 聚焦镜片的安装定位方式

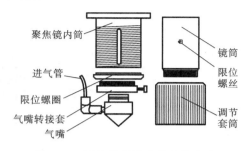

在激光切割机中,聚焦镜片安装在聚焦镜内筒,聚焦镜外筒装有可以调节聚焦镜上下位置的调节套筒,聚焦镜前后左右位置调节依靠工作台的运动实现,如图 4-14 所示。

2) 聚焦镜片的安装定位方式分析

图 4-14　聚焦镜片的安装定位方式

聚焦镜片安装在聚焦镜内筒里,相当于用(一个平面＋一个短外圆柱面)定位元件来确认聚焦镜的安装位置,与全反镜片的安装定位方式基本一致,这里不再赘述。

3) 聚焦镜型号规格与选用

CO_2 激光切割机的聚焦镜片从材质上分有黄色硒化锌 ZnSe 和黑色砷化镓 GaAs,从形状分有月牙透镜和平凸透镜,从镀膜上分有 CVD、PCD 几种方式,一般镀有增透膜和保护膜。

5. 切割聚焦头装调知识系统

1) CO_2 激光切割机聚焦头结构

图 4-15 是 CO_2 激光切割机聚焦头实物结构示意图。安装过程如下:第一步安装聚焦镜筒,松开聚焦镜筒锁紧螺钉,将聚焦镜筒插入底座,调整好高度(视焦距而定),然后拧紧螺钉即可;第二步接吹气管,部分大功率的切割机聚焦镜筒还有循环水冷接口也需要接上,松开聚焦镜锁紧螺钉可手动调整切割头高度。

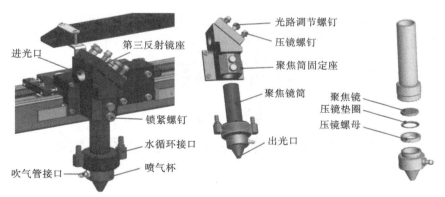

图 4-15　CO_2 激光切割机聚焦头实物结构示意图

2) 光纤激光切割机聚焦切割头结构

光纤激光切割机聚焦切割头由七大部件组成,从上往下依次为:① 光纤连接块;② 对中模块;③ 调焦模块;④ 水冷固定板;⑤ 放大器;⑥ 保护镜片模块;⑦ 底部套件,如图 4-16 所示。

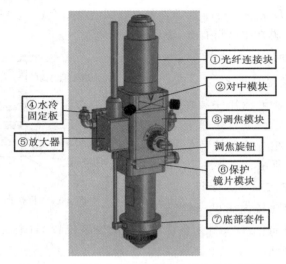

①光纤连接块
②对中模块
③调焦模块
调焦旋钮
⑥保护镜片模块
⑦底部套件
④水冷固定板
⑤放大器

图 4-16 光纤激光切割机聚焦切割头结构示意图

4.2 X-Y 飞行光路系统器件装调技能训练

4.2.1 X-Y 飞行光路系统器件装调技能训练概述

1. 光路系统器件装调技能训练描述

完成了激光切割机器件连接技能训练的工作任务以后，CO_2 激光器产生了合格激光光束。但是，此时产生的激光光束的各类特性并不能满足激光切割的生产要求，如光斑不够细、能量不够集中、光斑不能移动等，必须安装光路系统的各个光学元器件及其相关器件，使得激光光束能以要求的方式作用在工件上，以便满足加工的要求。

需要安装和调整的主要激光和光学器件有玻璃管激光器、全反镜、聚焦镜等，如图 4-17 所示。

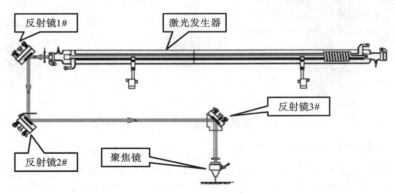

反射镜1#
激光发生器
反射镜3#
反射镜2#
聚焦镜

图 4-17 光路系统器件装调技能训练主要器件示意图

学习了光路系统器件装调技能训练项目,应掌握玻璃管 CO_2 激光切割机光路系统主要元器件组成,会进行光路系统主要元器件的安装与调试。

2. 光路系统器件装调技能训练目标要求

1)知识要求

(1)了解 X-Y 飞行光路系统组成、器件的功能及工作原理;

(2)掌握全反射镜的工作原理与功能;

(3)掌握聚焦镜的工作原理与功能;

(4)了解光纤激光器 X-Y 飞行光路系统组成、器件的功能及工作原理。

2)技能要求

(1)会填写射频 X-Y 飞行光路系统元器件领料单;

(2)会正确安装激光器,调试光路;

(3)会正确安装三个全反射镜,调试光路;

(4)会正确安装聚焦镜,调试光路;

(5)会光路联调。

3)职业素养

(1)遵守设备操作安全规范,爱护实训设备;

(2)积极参与过程讨论,注重团队协作和沟通;

(3)及时分析总结光路系统器件装调技能训练项目进展过程中的问题,撰写翔实的项目报告。

3. 光路系统器件装调技能训练资源准备

1)设施准备

(1)1 台 60 W 玻璃管 CO_2 激光切割机样机(主流厂家产品均可);

(2)5~10 套玻璃管 CO_2 激光切割机光学元器件、激光器和与之对应的配件;

(3)5~10 套品牌工控机及与之对应的系统软件、切割控制卡及与之对应的切割软件;

(4)5~10 套品牌钳工工具包;

(5)5~10 套品牌电工工具包;

(6)合适的多媒体教学设备。

2)场地准备

(1)满足激光加工设备的工作温度要求;

(2)满足激光加工设备的工作湿度要求;

(3)满足激光加工设备的电气安全操作要求。

3)资料准备

(1)主流厂家玻璃管 CO_2 激光切割机使用说明书;

(2)主流厂家玻璃管 CO_2 激光器使用说明书;

(3)主流厂家工控机使用说明书;

(4)与本教材配套的作业指导书。

4. 切割机光路系统器件装调技能训练任务分解

根据项目二的描述,我们可以把项目二再分解为三个相对独立的任务。

(1) 任务 1:认识光路系统元器件,安装激光器,调试光路,主要目的是让激光器产生的激光光束满足使用要求。

(2) 任务 2:安装、调试三个全反射镜及相关元器件,主要目的是让通过三个全反射镜产生的激光光束满足使用要求。

(3) 任务 3:安装、调试聚焦镜及相关元器件,主要目的是让通过聚焦镜产生的激光光束满足使用要求。

上述三个任务完成后还要进行光路联调,光路联调是将上述三个任务联系起来统一检查,分析效果。

4.2.2　光路系统器件装调技能训练

在图 4-17 中,我们已经知道了激光切割机 X-Y 飞行光路系统的主要器件组成。

光路系统器件装调技能训练的第一步工作是进行器件信息搜集与分析,掌握各器件的品牌、规格、性能、价格、作用等。

(1) 搜集光路系统所有器件信息,填写表 4-1。

表 4-1　光路系统器件信息表

类型	序号	名称	选型依据	供应商	规格型号	价格
主要器件	1	激光器				
	2	反射镜				
	3	聚焦镜				
	4					

(2) 识别光路系统器件,填写表 4-2 所示的领料单。

表 4-2　光路系统所有器件领料单

领料单					No.	
领料项目:						
编码	名称	型号/规格	单位	数量	检验	备注
记账:　　　发料:　　　主管:				领料:　　　检验:　　　制单:		

（3）制订光路系统器件安装工作计划，填写表4-3。

表 4-3　光路装调工作计划表

序号	工作流程		主要工作内容
1	任务准备	填写领料单	
		工具准备	
		场地准备	
		资料准备	
2	结构件和器件安装工作计划	1	检查所有部件是否完整
		2	安装固定激光管支架。注意：短的调节螺丝一侧要靠近机器内侧安装且两侧的固定螺母先调至螺丝底端，光路调好后将螺母锁紧
		3	将激光管摆放好后，用剪刀将多余的橡胶垫片剪掉（剪口朝上），并用绝缘胶带将垫片初步固定在激光管上，然后将激光管取下来，用绝缘胶带将橡胶垫片缠裹在激光管上
		4	利用面板上测试按键（单击）将激光输出电流调至合适值（如 4～8 mA），将光靶夹在第一反射镜表面，微调激光管调整架，并配合使用测试按键（单击），使发射出的激光能完全处于光靶中心上。完毕，撤掉光靶装上全反镜
		5	将光靶装在第二反射镜镜架上，将 X 轴横梁移至最靠近激光管的位置，手动出光微调第一反射镜使激光光束处于靶心，再将 X 轴横梁移至离激光管最远的位置，手动出光微调使激光光束也处于靶心，如果不重合，需按上述反复操作
		6	将 X 轴横移至 Y 轴中心位置，拿掉第二反射镜的光靶并装上反射镜。把光靶装在第三反射镜上，将激光头移到靠近第二反射镜的位置，手动出光微调第二反射镜使激光光束处于靶心，再将激光头移到远离第二反射镜的位置，手动出光微调使激光光束也处于靶心，如果不重合，需按上述反复操作，拿掉光靶装上反射镜
		7	将光靶放置于聚焦镜筒下方，微调第三反射镜调节旋钮，并配合使用手动出光，使经第三发射镜反射出的激光光束能完全处于聚焦镜筒内并尽量从聚焦镜筒的中间射入（注意此时产生的烟雾可能会对第三反射镜片造成污染，应尽量避免产生的烟雾进入第三反射镜头）。完毕撤掉光靶
		8	把聚焦镜凸面朝上装进聚焦筒，放一块 5～8 mm 厚的有机玻璃于聚焦镜下方焦点处，手动出光，观察打孔情况。要求又正又透，有机玻璃的孔应正而细（上口略大，越往下越细），如果不好，可微调第三反射镜，直到调好为止；指定孔位并用螺母固定
		9	工作平台的调水平：放下地脚或脚轮，把机箱上盖全部拿掉，使用水平仪分别在机箱平台的四个边上放置，调节各地脚或脚轮，使水平仪里面的气泡在各个方向都处于水平仪气管的中心位置
3	注意事项		1. 定期清洁镜片，在作业过程中及时注意激光管冷却水水温 2. 调试过程中要注意激光防护，以免危及人身安全

（4）实战技能训练，实际装调光路系统，填写表4-4。

表 4-4　光路系统装调工作记录表

工作流程	工作内容	工作记录	存在的问题及解决方案
任务准备	填写领料单		
	工具准备		
	场地准备		
	资料准备		
光路系统装调			

（5）任务检验与评估，填写表4-5。

表 4-5　光路系统装调质量检查表

项目任务	连接器件	作业标准	作业结果检测	
			合格	不合格
子任务1	激光器	激光器固定牢固，保护措施齐全		
		激光器安装位置正确，安装方向正确		
		激光器出光光路调试正确，射向第一反射镜中心		
子任务2	反射镜	全反射镜膜面干净无污染		
		第一反射调试正确能射向第二反射镜中心		
		第二反射调试正确能射向第三反射镜中心		
		第三反射调试正确能射向聚焦筒中心		
子任务3	聚焦镜	聚焦镜表面干净无污染，膜面无刮花		
		调节焦点，检查聚焦后的光斑是否完整		

5

激光切割机整机装调知识与技能训练

5.1　激光切割机软件安装与参数调试知识

5.1.1　切割软件安装知识

1. 切割机软件概述

目前,激光切割机软件有两个大类。

第一大类是使用专业【套料软件】,使用专业【套料软件】的大致工作流程如下。

第一步先用 CorelDraw、AutoCAD 等绘图软件画好要切割的零件图,保存为激光切割机使用的【套料软件】能读入和编辑的格式,比如 DXF 格式。第二步在【套料软件】上设置加工工艺参数,转换成激光切割机厂家相对应的 NC 代码并输出到激光切割机硬件进行激光切割。

国内外很多种软件都可用作激光切割机的套料,比如 FastCAM（发思特）、SIGMA NEST、Lantek 等,套料软件一般分为绘图模块、编程模块、套料模块、校正模块、NC 输出模块等几个部分。

第二大类是将激光切割软件镶嵌在 CorelDraw、AutoCAD 等绘图软件中生成一个加工菜单,利用绘图软件强大的编辑功能用户可以直接在软件上作图修改文件,在加工菜单里设置各种加工参数并直接传数据到运动控制卡,从而实现了激光切割软件与绘图软件的无缝连接。

此类方式的好处是不再需要单独保存绘图文件,然后再用另一个软件来连接运动控制卡,为用户提供了便捷而强大的绘图功能。

本书重点介绍第二大类的软件。

2. CorelDraw 直接输出切割软件安装

1）切割软件功能描述

激光切割机有两种工作模式:一是切割;二是雕刻。

在下面介绍软件里,雕刻对应的设置定义是清扫,切割对应的设置定义是勾边。使用者通过颜色设置某种颜色图案为勾边或是清扫,或是既清扫又勾边并且控制其工作顺序。

在雕刻(清扫)时能实现坡度功能、补偿功能,在切割(勾边)时能实现缝宽补偿、内部先切功能、最短路径设置、自动识别位图等功能。

2)CorelDraw 直接输出切割软件安装

安装切割软件前请先安装 CorelDraw 11 或 12 版本软件。

(1)打开计算机找到软件安装文件 ，双击【CorelDraw】直接打开软件,出现图 5-1 所示的界面,【install】为安装,【uninstall】为卸载。

(2)单击【next】(下一步)按键,进入图 5-2 所示的界面。

图 5-1 安装步骤 1

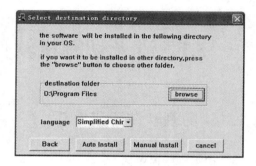

图 5-2 安装步骤 2

(3)手动指定目录安装:单击【browse】按钮选择计算机上 CorelDraw 安装目录【Corel Graphics 12】或【Corel Graphics 11】目录,如图 5-3 所示。

找到安装目录后单击【确定】按钮,返回图 5-2 所示的界面。单击【Manual Install】开始正式安装,安装完成后将出现图 5-4 所示的界面,单击【确定】按钮后再配置【CorelDraw】软件,安装过程结束。

图 5-3 安装步骤 3 手动指定目录安装

图 5-4 输出切割软件安装完成示意图

（4）自动寻找目录安装：在图 5-2 所示的界面单击【Auto Install】，自动安装完成后将出现图 5-4 所示的界面。该功能只能将系统安装在 C 盘，【CorelDRAW 12】使用默认路径安装条件下才可以使用。

（5）系统参数设置：打开【CorelDraw 12】，出现图 5-5 所示的界面。

在图 5-5 中选择菜单栏里的【工具 】→【选项】，可以进入图 5-6 所示的界面。

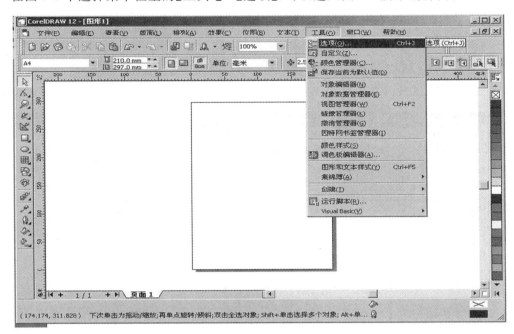

图 5-5　安装步骤 4

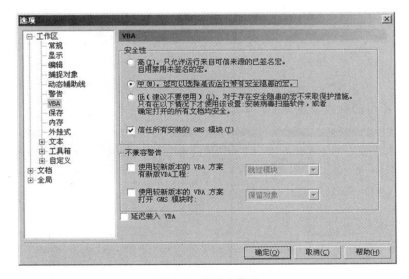

图 5-6　安装步骤 5

在图 5-6 里先用鼠标选中左面的【VBA】，然后再把下方【延迟装入 VBA】勾去掉。

3.【CorelDraw】直接输出切割软件卸载

双击
Corel直接输出.exe
安装软件，在弹出的安装菜单中选择【uninstall】，单击【next】按钮，软件在开始菜单组中卸载。

在【CorelDraw】的应用程序根目录下手动删除【CORELCARVE】文件夹以及【DRAW】文件夹中的【CORELSAVE】文件夹。

4.【CorelDraw】直接输出切割软件参数设置

(1) 启动【CorelDraw】，出现图 5-7 所示的界面。

CorelDRAW 12 - [图形1]
激光设备
激光雕刻
设备管理
欢迎来到激光雕刻的世界
对象属性

图 5-7　CorelDraw 直接输出切割软件参数设置

(2) 在图 5-7 中出现【激光设备】选择界面，输入图形后单击箭头所指示的【激光雕刻】按钮，出现图 5-8 所示的参数设置界面。

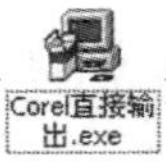

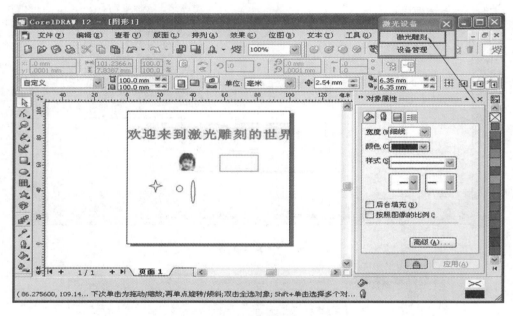

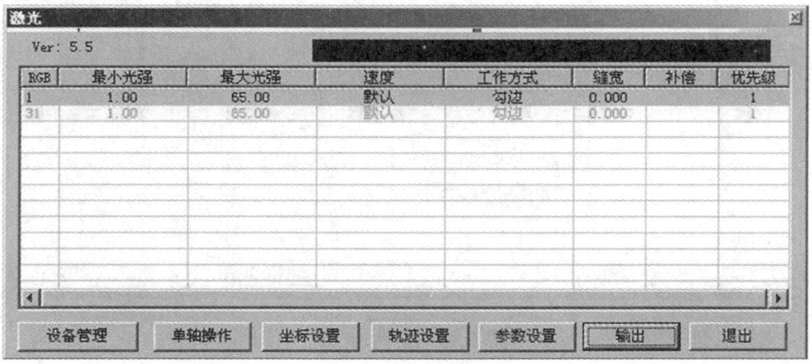

激光
Ver: 5.5
RGB 最小光强 最大光强 速度 工作方式 缝宽 补偿 优先级
1 1.00 65.00 默认 勾边 0.000 1
31 1.00 65.00 默认 勾边 0.000 1
设备管理
单轴操作
坐标设置
轨迹设置
参数设置
输出
退出

图 5-8　参数设置界面

可以通过不同颜色层来设置各类雕刻参数,导入位图则有单独位图设置。

(3) 选中某种颜色双击或单击【参数设置】按钮,进入图5-9、图5-10所示的界面。

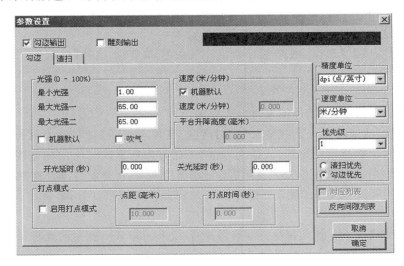

图5-9 勾边输出参数设置界面

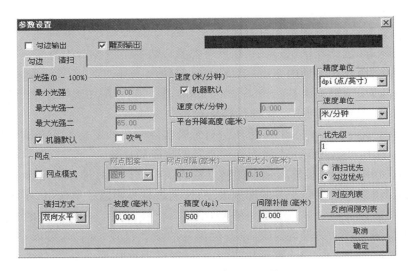

图5-10 雕刻输出参数设置界面

① 图5-8、图5-9、图5-10中共同参数说明如下。

●【参数设置】有【勾边输出】和【清扫输出】两个选项。【勾边输出】和【清扫输出】都不选显示禁止输出,即图形不会进行输出雕刻。【勾边输出】和【清扫输出】都选中同时输出勾边和清扫两种功能,清扫功能图形必须闭合,差补功能能把闭合图形按所给数字进行内收和外扩。

●【优先级】决定文件的输出顺序,单击【勾边优先】或【清扫优先】可以决定在勾边和清扫同时输出时,是先输出勾边还是先输出清扫。

●【勾边输出】可设置速度、光强等属性,每条线段可以设置【打点模式】,设定好点和点的距离后软件会自动在线段长度中运算需要有多个点,使用者可以根据材料厚度不同设定激光在一个点上的停留时间,即打点时间。

● 【清扫输出】选择【机器默认】的复选框时,光强和速度不可设置,执行机器默认值;不选择【机器默认】复选框时才能进行光强和速度的设置。

如果选择【吹气】复选框,则雕刻时会给吹气信号;如果不选择【吹气】复选框,则雕刻时无吹气信号。

② 其他各参数项说明如下。

● 【输出】选中后,当前颜色图形将会雕刻输出。

● 【光强】里有【最小光强】和【最大光强】两种。【最小光强】是在勾边走曲线时所使用的光强或在清扫时顶深所用的光强。【最大光强】是在勾边走直线时所用的光强或在清扫时在最深度所使用的光强。如拐弯处太深,说明最小光强偏大或速度偏小。在雕刻有坡度的文字时最小光强不要大过 30%,最大光强可设最大才会有好的坡度效果,坡度设定范围在 0~3 mm 之间。

● 【精度单位】有 dpi,激光在每英寸有多少点,比如 500 dpi,就是激光在每英寸打点 500,大约每毫米打点 20,数值越大雕刻越深。

● 【开关光延时】作用于勾边输出的出光起始点和末尾点。开关光延时时间设置范围:0≤开(关)光延时≤15.000 s。

● 【打点模式】可实现点间距和打点的时间。

● 【机器默认】如选择默认,那光强、速度等参数以机器上所显示的为准。

● 【速度单位】激光头移动的速度,单位为米/分钟(m/min)。

● 【间隙补偿】用于雕刻误差(-0.5~0.5 mm),当对闭合的图形操作由于激光光斑直径的大小所导致的误差,可以利用差补进行调整。

例如,雕刻直径为 5 mm 的圆,如果不进行差补实际输出的圆是 4.99 mm,可以在差补选项中输入 0.01,这样可以纠正由于激光光斑直径所造成的误差。

● 【网点】CorelDraw 直接输入文字的网点输出,有圆形、正方形和三角形三种网点形状。

● 【优先级】用于设置不同颜色的雕刻次序,优先级越小则越较早输出,反之亦然。

在设置好参数以后就可以进行雕刻输出,系统会记住最后一次所配置的参数设置,在平时的作图中可以采用习惯的设置模式,以避免反复的参数设置。例如,可以设置红色输出光强为 50%,速度为 20%,无差补,雕刻优先级为 1,这样下次作图时如果有红色,将会采用同样的设置。

5.1.2　整机控制参数调试知识

本节介绍软件参数设置及软件操作方法。参数数值决定雕刻机的工作状态。

1. 进入设置状态

单击图 5-8 所示的【设备管理】按键,进入机器参数设置状态,如图 5-11 所示。

注意:设备参数是切割机核心设置,在正常情况下不必修改,修改前应先备份参数表,如果修改之后设备不能正常工作,可以将备份参数重新写入切割机。

2. 参数设置界面

参数设置界面如图 5-12、图 5-13 所示。

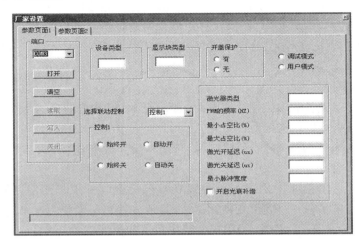

图 5-11 机器参数设置状态   图 5-12 参数设置界面 1

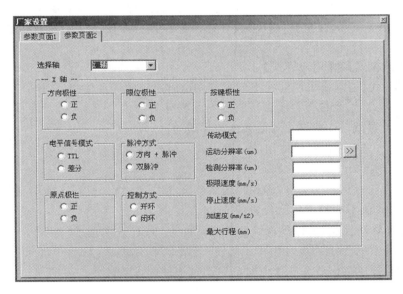

图 5-13 参数设置界面 2

（1）【端口】计算机与设备的通信接口。计算机与切割机通信是通过端口来实现的，雕刻软件采用 USB 接口与计算机连接。

（2）【打开】打开所选择的端口。若找不到通信端口，计算机和加工设备不能通信，计算机中将出现【port connect error（端口连接错误）】信息对话框，并在状态栏中出现【open serial port failure（打开串行端口失败）】，此时不能对设备的参数进行设置。

若可以打开端口，则不会出现信息对话框，在状态栏将会出现【open serial port success（打开串行端口成功）】，然后可以从设备中读取参数以及向设备中写入参数。

（3）【清空】除了下拉框选项外的参数值将被设置为空，即没有参数值。

（4）【读取】读取并显示存储在设备中的参数值。

用户要修改参数，必须先读取设备中的参数或打开已保存好的参数文件，在此基础上进行参数的修改（此按钮在打开串口失败时不可用）。

（5）【写入】将用户设置参数值写入设备，此时需要厂商提供授权密码。设备参数设置不完全时，单击此按钮将在状态栏出现【some data is invalidate（有些数据是无效的）】，参数不能写入。

设备的参数写入机器后，即时有效，但某些特殊参数需断电重启后才生效（此按钮在打开串行端口失败时不可用）。

（6）【关闭】关闭端口，断开计算机与设备连接，状态栏会出现【close serial port（关闭串口）】。

注意：在文件输出软件以及参数设置软件中都要使用同一个串口对设备进行读/写，因此只要有一个软件在使用串口，其他软件都不能使用该串口。

（7）【设备类型】用户所使用机器的类型。

（8）【显示块类型】根据机器的具体配置设置显示块的类型。

（9）【开盖保护】开盖保护时任何时候打开保护盖，切割机都会启动安全防护措施，暂停作业。将开盖保护设置为【无】可以屏蔽【开盖保护】功能，如设备检测。测试过程中，此操作必须由专业人员执行。

（10）【调试模式】和【用户模式】。

① 【调试模式】切割机出厂前在工厂进行调试时使用的一种模式，该模式用户不可用。

当选择该模式时，系统会自动将厂家设置参数复制到用户设置，机器在出厂后用户第一次看到的机器设置就是厂家调试好之后的机器设置。

② 【用户模式】用户作业时使用的一种模式。用户可根据实际情况参考厂家设置对参数进行设置。

设置后的参数以用户的为准，即用户设置优先于厂家设置，机器工作时采用的参数是用户设置的，但参数值不能超过厂家设置的值。

（11）【选择联动控制】该选项视设备的配置而定，共有8个选项（控制1～控制8），可控制8个外部设备。每个选项都有四种控制模式：始终开、始终关、自动开、自动关。

① 始终开：机器在作业和非作业时都启动这个外部设备。

② 始终关：与始终开相反。

③ 自动开：机器在作业时启动这个外部设备，闲置时停用。

④ 自动关：与自动开相反。

（12）【激光器类型】根据切割机使用激光器的种类选择合适的激光器类型。

（13）【PWM的频率】激光器光强频率根据激光管型号的不同而不同，请参看激光器使用说明书。

（14）【最小占空比】切割机所能支持的最小占空比。

（15）【最大占空比】切割机所能支持的最大占空比。

（16）【激光开/关延时】设置激光在开/关动作时为了防止形成起笔和末笔边缘的参差不

齐而设置的延时参数。

①【激光开延时】激光启动需要时间,为了使出光与激光头启动同步,在激光头启动之前激光器提前启动的措施,即激光开延时。

②【激光关延时】激光在得到关闭指令后还要延迟些时间才能关闭激光,为了不多刻采取提前关闭激光的措施,即激光关延时。

(17)【最小脉冲宽度】激光器所能识别的最小脉宽。

(18)【开启光衰补偿】激光器存在衰减率,推荐选择此项。

(19)【方向极性】电机运动方向与键盘指示方向不一致时改变方向极性使方向一致。

(20)【限位极性】电机不能复位或复位反向时,可以通过改变限位极性使复位正常。

(21)【按键极性】操作面板方向键按左移动却右移动,可改变按键极性。

(22)【电平信号模式】有 TTL 和差分两种模式,根据电机驱动器的类型来选择。

(23)【脉冲方式】电机转动是靠脉冲来驱动的。驱动器发送脉冲的方式有方向＋脉冲和双脉冲两种,根据电机驱动器的类型来选择。

(24)【原点极性】机器恢复到原点时的信号极性,若选择正极时机器恢复到原点,则此机器的原点极性为正,反之为负。

(25)【控制方式】有开环、闭环两种控制方式,若机器采用开环控制方式,则将此设置为开环;反之为闭环。

(26)【传动模式】设备传动模式是导轨和电机配置方式,采用哪种模式请查看使用说明书。

(27)【运动分辨率】表示每两个相邻点之间的间隔距离,以 μm 为单位。

由于机器的不同,机械的磨损等因素,分辨率会产生一些微弱的变化,用户可以通过多次调试设置之后得出最佳的值。

分辨率的设置:用户可以画一个矩形,矩形长宽一般取整数,但不能超过最大行程,输出雕刻,用量具量取雕刻机在雕刻材料上留下的轨迹长。打开端口,读取参数,单击运动分辨率旁的 >> 按键,软件将跳出一个对话框,如图 5-14 所示。

把用户画图的尺寸输入到期望长度,把雕刻材料上量取的长度输入到实际长度,单击【确定】按钮,这时显示的分辨率为正确的分辨率。

图 5-14 分辨率显示框

(28)【检测分辨率】设备配置闭环检测系统时参数有效,此参数决定了实际尺寸与设计尺寸的误差,在此情形下,主要调整此参数值,运动分辨率的微小变化不影响雕刻尺寸。

当设备没有配置闭环检测系统时,此参数无效。运动分辨率微小变化直接影响雕刻尺寸。

(29)【极限速度】单轴运动时所允许的最大速度,此值决定最大雕刻速度和切割速度。

(30)【停止速度】单轴运动时可急停的速度,即运动停止速度。停止速度大,设备在停止启动过程中受到的冲击大,雕刻效果差,但雕刻效率高;停止速度小,设备在停止启动过程中受到的冲击小,雕刻效果好,但雕刻效率低。

(31)【加速度】单轴运动时速度的变化率,即在单位时间里速度变化能力。加速度大,机器从一个速度变到另一个速度所要的时间就短,加工效率就高,但设备冲击力大,磨损也就大;反之,雕刻效率低,对设备冲击力小,设备的磨损也小。

设备的极限速度和加速度要进行匹配,设备才会工作在最佳状态。

在满足用户精度的要求下,可以适当地提高雕刻速度和加速度,使雕刻效率提高。

适当减小速度值可以在同样效率的情况下获得更高精度的产品。

(32)【最大行程】切割机最大工作幅面。

5.2 切割机整机质检知识

1. 质量检验过程概述

1)质量检验

质量检验就是对产品的一项或多项质量特性进行观察、测量、试验,并将结果与规定的质量要求进行比较,以判断每项质量特性合格与否的一种活动。

2)质量检验的方法

质量检验的方法一般有全数检验和抽样检验两种。

3)质量检验项目

(1)外观:一般用目视、手感、对比样品进行验证。

(2)尺寸:一般用卡尺、千分尺等量具验证。

(3)特性:如物理的、化学的、机械的特性,一般用检测仪器和特定方法来验证。

4)质量检验依据

(1)技术文件、设计资料,如《外购件技术标准》《作业指导书》等。

(2)有关检验规范,如《进货检验和试验控制程序》《工序检验标准》等。

(3)国际、国家标准,如《激光产品的安全》(GB 7247.1—2012)等。

(4)行业或协会标准,如 TUV、UL、CCEE 等标准。

(5)客户要求。

(6)品质历史档案。

(7)比照样品。

(8)其他技术、品质文件。

5)缺陷等级分类

检验中发现不符合品质标准的瑕疵,称为缺陷。

(1)致命缺陷:能或可能危害消费者的生命或财产安全的缺陷称为致命缺陷,用 CR 表示。

(2)主要缺陷:不能达成产品使用目的的缺陷称为主要缺陷,用 MA 表示。

(3)次要缺陷:并不影响产品使用的缺陷称为次要缺陷,用 MI 表示。

2. 切割机质量检验过程案例分析

1)质量检验表

表 5-1 是某公司生产一台 60 W 玻璃管激光切割机的质量检验表,从表中可以看出以下

6 项内容，包括生产记录、整机外观、光学系统、控制系统、机械系统和安全性能，我们可以根据实际情况自己设计表 5-1 这样的表格。

表 5-1 60 W 玻璃管激光切割机质量检查表

检验项目	检验内容		检验结果		说明
	序号	要求	合格	不合格	
生产记录	1	安装调试记录单完整清晰			
	2	拷机记录单真实清晰			
	3	激光器电源、激光器说明书，冷水机说明书			
整机外观	1	油漆色泽一致，无划伤、脱落、裂痕			
	2	外观清洁，无锈蚀迹、油迹			
	3	电气柜、激光器、水箱内无异物，无锈蚀、油迹			
光学系统	1	额定激光功率≥60 W			
	2	激光光斑圆韵均匀			
	3	切割幅面达到合同要求，无变形失真现象			
	4	正常水压下激光管无渗漏			
	5	透镜表面无划伤、污迹			
控制系统	1	按钮、开关性能正常，指示灯显示正常			
	2	布线整齐、焊接牢固、线号正确清晰			
	3	X、Y 轴运动顺畅，直线导轨润滑良好			
	4	计算机软件安装、配置备份完整，拷机过程中无死机现象			
机械系统	1	整体结构牢固、机械性能可靠			
	2	活动箱门锁启、闭应松紧适宜，可靠			
	3	工作台无生锈或变形、X-Y 轴移动灵活、Z 轴升降灵活，且紧固可靠			
	4	紧固件不得有松动和错位			
安全性能	1	高温报警保护功能良好			
	2	流量开关保护功能正常			
	3	吹气、抽风功能正常			
	4	接地端子及标识			
	5	激光辐射警示标识			
生产责任人			生产日期		
出厂编号			出厂日期		
检验员			检验日期		
检验结果					
审核结果			审核人		
备注					

2）工艺质检流程

工艺质检流程是质检的核心工作，基本内容如表 5-2 所示。

表 5-2　切割机工艺质检流程

1	找准焦面，在切割嘴下放一块有机玻璃板，按点射出光，调节聚焦镜，使光在有机玻璃板上的光斑最小
2	切割尺寸的校正 调节参数，直到在软件中的正方形的四个角都为直角，且四个边都为直线，尺寸与软件中图形尺寸一致
3	在有机玻璃板上切一最大幅面的正方形，检查四条边打标能量是否均匀
4	检查开光、关光、最大光强、最小光强（视激光切割速度而定）一般到肉眼看不出起始、结尾的无重合节点为最佳
5	固定雕刻物体在焦面上，检查多次打标的重复精度
6	通过几种填充方式填充文字或图形，查看其填充的能量分布是否均匀，填充路径清晰、纹路整齐
7	在显微镜下观察填充的文字/图形的外框是否整齐，特别是填充的外框整齐，无弯曲、变形、毛刺现象，直角处没有明显圆角现象，起始点与结尾点结合好，无明显火柴头现象
8	检查软件的各项功能是否可用
9	在显微镜下查看线条的宽度是否一致。参照技术参数的标准切一个最小的字符高度
10	激光管对水温要求比较严格，检查机器时水温改变对加工效果的影响
11	检查吹气、不同切割速度、不同功率等参数对有机玻璃板切割效果，找到最佳参数值

首先在开机前确保各接线牢固，水箱运行正常，水管通畅。按照开机的先后顺序开机后，切割软件能正常打开，字体、图形、条形码等安装齐全。软件版本为最新版本。检查作图的辅助软件如 CorelDraw 12 等能正常运行。

3. 射频激励 CO_2 激光器质检知识

从厂家购买激光器后，有条件的用户可以参照如下步骤进行激光器质量检验。

1）质检工具和材料准备

激光器（激光管＋射频电源）、UC-2000 激光器控制器、36 V 开关电源、电流表、挡光板、显影板、紫外灯、功率计（探头＋接口）、计算机、玻璃片等。

2）测试步骤

（1）连接激光器：用射频电缆把激光器与射频电源相连，再把射频电源与信号发生器、开关电源连接。

（2）查看激光器预电离状态：激光器、UC-2000 激光器控制器均上电，不需给信号，用玻璃片挡在出光口处看腔体内部，正常情况亮红光处于预电离状态。

（3）查看光斑模式：激光器上电后，设置 UC-2000 激光器控制器满占空比输出，让光斑在 1 m 以外打到显影板，用紫外灯（简称 UV lamp）照射显影板看激光光斑，正常情况光斑很圆、无变化,如图 5-15 所示。

（4）查看是否漏光:激光器、UC-2000 激光器控制器均上电,不给信号处于预电离状态,使用功率计放置激光器出光口位置,观察是否有毫瓦级功率输出,正常情况无功率输出。

（5）检查工作电流:激光器、UC-2000 激光器控制器均上电,出光口前放上挡光板,设置满功率输出,正常情况 10 W 激光器工作电流为 7 A。

（6）检查功率曲线:将功率计放置出光口前,激光器、UC-2000 激光器控制器均上电,设置满功率输出,测试 30 min,得出激光功率以及 30 min 内激光功率的变化,制作成曲线图,如图 5-16 所示。

**图 5-15　用紫外灯照射显影板
看激光光斑示意图**

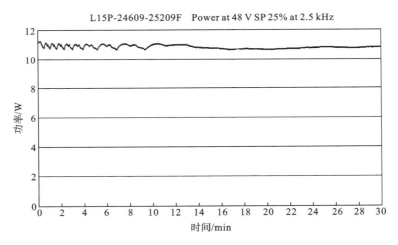

图 5-16　SYNRAD(新锐)48-1 射频激励 CO_2 激光器功率曲线

由最大功率和最小功率可计算功率稳定度,正常情况 10 W 激光器功率稳定度是 $\pm 15\%$。

3）激光器质检注意事项

（1）激光器质检时请戴好防护眼镜,避免激光直射或反射照射眼睛和皮肤。

（2）质检时有可能会产生有毒害的烟尘和油雾,请做好室内通风及废气回收措施。

（3）为避免干扰,应尽量将器件电源连接线和控制信号线分开,信号线尽量采用屏蔽线。

（4）激光器采用强制风冷,当激光器温度高于(54±2) ℃时,激光器会发出报警信号。当激光器温度高于(60±2) ℃时,激光器将会强制关闭。

想一想:为什么要用紫外灯照射显影板才能显示激光光斑?

做一做:利用紫外灯照射显影板查看激光光斑。

5.3　激光切割机整机装调技能训练

5.3.1　切割软件安装技能训练

1. 软件安装技能训练工作任务描述

通过前面两个项目任务的学习,基本掌握了气体切割机的部件连接和光路系统装调,但是我们出厂的是整机,所以还需要进行激光切割机整机装调以形成最终成品。

整机调试是整个激光切割机安装调试中的最后环节,它的调试好坏直接关系到产品的最后性能。本项目分为激光切割软件安装调试和激光切割机整机质量检测两个任务。

2. 切割软件安装技能训练工作任务目标要求

1) 知识要求

(1) 了解激光切割软件的相关知识;

(2) 掌握激光切割软件安装的方法和步骤。

2) 技能要求

(1) 掌握工作环境温度与湿度测量方法;

(2) 掌握切割软件安装过程。

3) 职业素养

(1) 遵守设备操作安全规范,爱护实训设备;

(2) 积极参与过程讨论,注重团队协作和沟通;

(3) 及时分析软件安装技能训练过程中的问题,撰写翔实的项目报告。

3. 软件安装技能训练工作任务资源准备

1) 设施准备

(1) 1 台 60 W 玻璃管 CO_2 激光切割机样机(主流厂家产品均可);

(2) 5～10 套安装完成的玻璃管 CO_2 激光切割机;

(3) 5～10 套已装系统的工控机;

(4) CorelDraw 11 和 CorelDraw 12 软件;

(5) 合适的多媒体教学设备。

2) 场地准备

(1) 满足激光加工设备的工作温度要求;

(2) 满足激光加工设备的工作湿度要求;

(3) 满足激光加工设备的安全操作要求。

3）资料准备

（1）主流厂家玻璃管 CO_2 激光切割机使用说明书；

（2）主流厂家玻璃管 CO_2 激光切割机软件说明书；

（3）与本工作任务配套的作业指导书。

4. 任务实施

软件安装技能训练工作任务是一个独立的工作任务，不要进行任务分解。

（1）搜集切割软件安装技能训练信息，填写表 5-3。

表 5-3　切割软件安装技能训练器件信息表

类型	序号	名称	选型依据	供应商	规格型号	价格
主要器件	1	工控机				
	2	辅助软件				
	3	切割软件				
	4					

（2）识别切割软件及相关器件，填写表 5-4 所示的领料单。

表 5-4　光路系统所有器件领料单

领料单					No.	
领料项目：						
编码	名称	型号/规格	单位	数量	检验	备注
记账：	发料：	主管：		领料：	检验：	制单：

（3）制订切割软件安装技能训练工作计划，填写表 5-5。

表 5-5　软件技能训练工作计划表

序号	工作流程		主要工作内容
1	任务准备	填写领料单	
		工具准备	
		场地准备	
		资料准备	

续表

序号	工作流程	主要工作内容	
2	软件安装技能训练工作计划	(1)	工控机软件安装前检验：① 查看工控机的配置是否达到软件安装的配置要求；② 查看工控机各端口是否完好；③ 查看工控机的操作系统是否正常，运行流畅无中毒现象
		(2)	CorelDraw 12 安装：将 CorelDraw 12 安装盘放入光驱中，运行安装程序，依次单击下一步进行安装，过程中需输入序列号：DR12WNX-4157979-FKY，直到安装完成
		(3)	CorelDraw 直接输出切割软件安装
		(4)	连接 USB，安装切割板卡驱动
		(5)	查看和更改计算机分配的 COM 口
		(6)	打开软件，调出切割子程序
		(7)	设置激光开/光延时、光衰补偿、电平信号模式、脉冲方式
		(8)	设置方向极性、限位极性、按键极性
		(9)	设置最大加速度、极限速度、停止速度
		(10)	切割图形尺寸设置：调节步进电机驱动器细分、运动分辨率设置
3	注意事项	(1) 软件设置及软件输出端口应与计算机系统中分配的端口相对应； (2) 软件支持 CorelDraw 和 AutoCAD 两大制图软件	

（4）实战技能训练，实施软件安装过程，填写表 5-6。

表 5-6　切割软件安装技能训练工作记录表

工作流程	工作内容	工作记录	存在的问题及解决方案
任务准备	填写领料单		
	工具准备		
	场地准备		
	资料准备		
切割软件安装			

（5）任务检验与评估，填写安装质量检查表 5-7。

表 5-7　切割软件安装工作质量检查表

项目任务	连接器件	作业标准	作业结果检测	
			合格	不合格
整机装调	工控机连接	工控机电源连接,接线牢固		
		显示器连接,接线牢固		
		键盘与鼠标连接牢固,正常使用		
	辅助软件安装	CorelDraw 11 或 12 版本的软件安装后能正常打开软件,功能正常		
	切割软件安装	切割软件安装路径正确		
		子软件调出正常		
	软件设置	软件输出端口设置正确		
		激光开/光延时设置正确		
		光衰补偿设置正确		
		方向极性、限位极性、按键极性设置正确		
		电平信号模式、脉冲方式设置正确		
		最大行程设置正确		
		极限速度、最大加速度设置正确		
	图形失真调试	步进电机驱动器细分设置正确		
		运动分辨率设置正确		

5.3.2　激光切割机整机质检技能训练

1. 整机质检技能训练工作任务描述

完成图形失真与校正技能训练的工作任务以后,激光光束可以满足激光切割产品的形状和尺寸要求,激光切割机整机经过质检就可以正式交付客户了,这是激光切割机生产过程中的最后一项工作任务。

2. 整机质检技能训练工作任务目标要求

1) 知识要求

(1) 掌握玻璃管 CO_2 激光切割机整机质量评价标准;

(2) 掌握玻璃管 CO_2 激光切割机使用说明书的基本内容。

2) 技能要求

(1) 会进行 CO_2 激光切割机整机质检;

(2) 会编写玻璃管 CO_2 激光切割机使用说明书。

3) 职业素养任务

(1) 遵守设备操作安全规范,爱护实训设备;

(2) 积极参与过程讨论,注重团队协作和沟通;

（3）及时总结整机技能训练过程中的问题，撰写翔实的项目报告。

3. 整机质检技能工作任务资源准备

1）设施准备

（1）1 台 60 W 玻璃管 CO_2 激光切割机样机（主流厂家产品均可）；

（2）5～10 套安装完成的玻璃管 CO_2 激光切割机光路系统器件以及与之对应的配件；

（3）5～10 套品牌钳工工具包；

（4）5～10 套品牌电工工具包；

（5）合适的多媒体教学设备。

2）场地准备

（1）满足激光加工设备的工作温度要求；

（2）满足激光加工设备的工作湿度要求；

（3）满足激光加工设备的安全操作要求。

3）资料准备

（1）主流厂家玻璃管 CO_2 激光切割机使用说明书；

（2）主流厂家玻璃管 CO_2 激光切割机软件说明书；

（3）与本工作任务配套的工作页。

4. 任务实施

整机质检技能训练是一个独立的工作任务，不进行任务分解。

（1）搜集整机质检信息，制作整机质检表。

整机质检技能训练的第一步工作是对激光切割机整机质检的主要项目和内容进行搜集整理，为设计一张适用具体机型的质量检验总表提供依据。

对照 5.1.2 节我们搜集到的激光切割机整机质检案例和不同厂家的质检资料，可以得知玻璃管 CO_2 激光切割机整机质检的主要项目和内容，如表 5-8 所示。

表 5-8　玻璃管 CO_2 激光切割机整机质检的主要项目和内容

项目	检验内容	检验标准及技术要求	缺陷分类			检查结果
			轻	重	致命	
外观检验	清洁目测	（1）整机外表面干净、美观，无锈蚀、灰尘及油污，如机箱本体、传动系统、冷水机、工作台、工控机、键盘、鼠标 （2）结构件内无与整机无关的异物，如多余螺钉、线头、垫片等杂物	√			
	标识目测	（1）整机各标识粘贴牢固且粘贴位置正确，标识内容正确，如激光标识、警示标识、防夹手标识等 （2）整机标牌粘贴牢固且粘贴位置正确，标识内容正确、清晰、完整 （3）核心物料粘贴防伪码标贴，并在检验表上记录其防伪号（包括电源、激光器、驱动器、聚焦镜头、工控机、显示器、切割控制卡）	√			

续表

项目	检验内容	检验标准及技术要求	缺陷分类			检查结果
			轻	重	致命	
外观检验	感观效果目测	(1) 工作台外表面无碰伤、划伤、掉漆等现象 (2) 相同位置螺钉、垫圈、螺母规格一致 (3) 各部分安装无遗漏(如螺钉、垫片、箱盖) (4) 各按键、开关和指示灯安装位置准确	√			
结构工艺检验	完整性	(1) 各部分安装无遗漏(如螺钉、垫片、箱盖等) (2) 地线连接完好(激光器、电源、工控机外接地)		√		
	牢固性	(1) 紧固件不得有松动和错位 (2) 各部件固定螺钉不得有松动 (3) 电源连接、信号线旋到位 (4) 各按键、开关和指示灯安装牢固无松动 (5) 显示器固定支架安装牢固,旋转流畅,无干涉		√		
	走线	接线美观,在移动过程中运动顺畅无干涉		√		
	开关	开关安装牢固、开关灵活		√		
	X、Y 轴工作台	用水平仪分别测量 X、Y 轴与工作台水平度一致		√		
配置检查	激光器电源	规格:济南宏源 60		√		
	激光器	热刺 60 W 玻璃管激光器		√		
	风扇	规格:D1S60-Q		√		
	聚焦镜	标配:$f=30$ mm;可选配		√		
	反射镜	标配:钼镜		√		
	工控机	研祥工控机(规格:116)		√		
	显示器	标配:17 寸液晶显示器		√		
	切割卡	标配:EMCC 卡		√		
	键盘	外观完好,按键功能正常		√		
	鼠标	外观完好,按键功能正常,移动流畅		√		
	操作系统	Windows XP		√		
	切割软件	记录实际软件版本		√		
性能测试	开机检测	(1) 急停开关 OFF 时无法开机;急停开关 ON 时整机才能开机 (2) 开机/关机按键灯亮时,主机柜风扇运转,自里往外吹风。开机/关机按键灯灭时,风扇停转		√		
	光斑模式检查	导入软件中 BOX 图形,将其大小设置为运行机构允许最大的切割范围内进行切割(600×800),再用白纸查看镜头光斑是否接近实心圆且光斑稳定、无明显抖动。在最大切割范围内光斑不缺光		√		需戴防护眼镜

续表

项目	检验内容	检验标准及技术要求	缺陷分类			检查结果
			轻	重	致命	
性能测试	光斑位置检查	位于聚焦筒最中心		√		
	最大激光功率	在不装聚焦镜的情况下使用激光功率计测试：调入圆形切割测试最大激光功率≥60 W		√		
	BOX 实际要求	在切割软件中调入 TEST 图形，设置其边长并切割，用直尺测量切割出的 TEST 图形各边边长，并观察切割中激光强度是否均匀。切割图形尺寸无变形，拐角为标准直角		√		
	水保护检查	不开水冷的情况下激光器不出光		√		
	能量均匀度检查	用相对比较小的能量测试整个范围内切割线条或激光点的均匀度。用最大范围 TEST 图形切割，设置填充 0.5 mm 的平行线或交叉平行线，观察切割区域内平行线条或激光点的颜色变化，是否缺光，光点的大小；观察切割过程中火花的大小是否一致		√		
	曲线直线检查	在切割软件中调入图形文件，在纸板片上切割观察直线和曲线上激光打点的分布是否均匀，线条是否平滑，封闭图形是否能够封闭，每一个点的能量大小和圆度保持较好的一致性		√		
	圆形要求检查	在切割软件中调入图形，用 3D 影像仪观察切割效果： (1) 圆形不失真，线条光滑，起笔与收笔处封口完好，无重点及错位现象 (2) 直线无波浪线		√		
	填充效果检查	导入 BOX 图形填充，用 3D 影像仪观察其切割效果： (1) 图形无变形 (2) 相邻填充线之间间隔相等 (3) 线条未出边框范围，允许线条轻微出边，但不超过 1/3 点直径		√		
	最小光斑检查	输入单线条"8"，用 3D 影像仪观察其切割效果： (1) "8"字笔画清晰 (2) 笔画接口完整		√		
	切割重复精度检查	切割软件中导入 TEST 图形，设置其大小并居中，连续切割 5 次，观察切割位置，切割图形重合		√		
	开关机及重复精度检查	在切割软件中导入 TEST 图形，切割一次，然后按顺序关机，关机后再开机，导入关机前同样大小的图形及参数再切割一次，检查切割重复精度： (1) 能顺利开关机 (2) 工作无异常 (3) 图形无偏移		√		

续表

项目	检验内容	检验标准及技术要求	缺陷分类			检查结果
			轻	重	致命	
性能测试	急停开关检查	机器运行过程中按下该按钮,则切断整机电路			√	
	运动装置检查	X轴、Y轴控制: (1) 左右上下运行顺畅,无噪声及卡滞,方向正确 (2) 直线导轨润滑良好		√		
	绝缘电阻	将空气开关、钥匙开关、急停开关处于导通位置。被测设备的总电源输入端 N 线和 L 线短接,对电源地线进行绝缘测试,绝缘值＞5 MΩ			√	
	整机老化	连续老化 8 小时以上,且切割效果达到工艺效果检验标准的要求		√		
包装检查	BOX 参数/切割软件备份检查	整机检验合格后将 BOX 参数/切割软件备份至工控机系统盘以外的其他盘及 U 盘中(默认 D 盘备份有切割软件、操作系统、BOX 参数)		√		
	激光器检查	(1) 整机打包前激光器从机器上拆下并包装好 (2) 激光器必须用泡沫包好,防止异物损伤激光器		√		
	整机入库清单	整机入库清单填写完整、正确		√		

(2) 实战技能训练,实施整机质检过程,填写表 5-8 检查结果。

5. 任务检验与评估

整机质检任务完成后,我们可以评估整个项目的工作质量。

5.4 激光切割机整机维护保养知识

5.4.1 维护保养知识

1. 日常维护保养知识

1) 日常维护保养主要内容

(1) 防尘与去尘:灰尘会使电器元件绝缘性能变坏而导致电击穿,会使运动系统磨损加剧导致精度降低,会使光路系统出光变弱和不出光。

平时要用抹布将设备外表擦洗干净,用长毛刷和高压气枪对设备内部灰尘冲刷干净。

(2) 防热与排热:温升会使设备绝缘性能下降,元器件参数变差。通常规定切割机工作环境不超过 40 ℃,以 20～25 ℃最为合适。

（3）防振与防松：切割机对振动特别敏感，工作环境应该选择远离有冲床、重物搬运等有振动源的场所，建议安装防振垫，连接松动应重新加固。

（4）防干扰与防漏电：切割机电磁环境主要包括周围电磁场、供电电源品质、信号电气噪声干扰三个内容。

手机高频信号有时也能干扰振镜切割信号。

供电电源品质较好的电网频率波动范围为±0.5%，幅度波动范围为±5%～±10%，供电电源品质差时应该配置电源稳压器或 UPS 电源。信号线和电源线之间、信号线与信号线之间有时会产生电或磁的耦合引起电气噪声干扰，如 Q 高频信号线与振镜信号线缠绕在一起，一般要将这两根信号线拉开一定距离。

切割机机壳接地不但能防止漏电危险，还能防止电网对设备的干扰。

如果客户安装环境没有地线，则可以将一根 1 m 以上扁平铁打入室外地下当地线使用，在临时应急使用时可将地线接到供水的钢铁管上使用。

2）日常维护保养总体注意事项

（1）设备不工作时应切断切割机所有六大系统的全部电源。

（2）设备不工作时应将机罩密封好，场镜镜头盖盖好，防止灰尘进入激光器及光路系统。

（3）设备工作时切割机呈高压状态，非专业人员不准开机检修，避免发生触电事故。

（4）设备工作时切割机出现任何故障（如漏水、电源异常、烧保险、激光器有异常响声等）应立刻切断总电源。

（5）设备工作时不得挪动切割机。

（6）设备工作时切割机上不要覆盖或堆放任何物品，以免影响散热效果。

2. 光学元件维护保养知识

1）光学元件维护保养注意事项

（1）维护保养时应戴无粉指套或橡胶/乳胶手套。

（2）勿使用任何工具（包括镊子）夹持光学元件。

（3）光学元件要放置在柔软工作台的拭镜纸上。

（4）不可清洁或触摸裸露在外的金或铜表面。

（5）所有光学元件都是易碎品，注意防止掉落。

（6）维护保养光学元件时要从安装支架上取出光学元件。

2）光学元件维护保养步骤

光学元件维护保养按污染的严重程度可以部分或全部实施以下步骤，如图 5-17 所示。

（1）步骤 1：针对轻度污染（灰尘、纤维微粒）进行柔性清洁。

用吹气气囊（俗称吸耳球）吹掉光学元件表面散落的污染物。不准使用空压机的压缩空气，它们含有的油和水会在元件表面形成有害的吸收层。

（2）步骤 2：针对轻度污染（污渍、指印）进行柔性清洁。

用无水乙醇与乙醚按 3∶1 的比例制造混合液，或用异丙醇酒精或丙酮浸润签体纯纸杆棉签或高质量医用棉球轻轻擦拭光学元件的表面。

擦拭光学元件时，应将棉签或棉球从内到外朝一个方向轻轻螺旋运动擦拭，直到光学元件的边缘,注意不要来回擦拭,如图 5-18(a)、(b)所示。

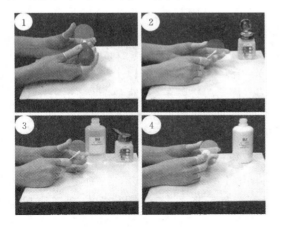

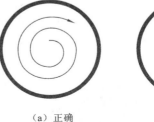

（a）正确　　　　　　（b）错误

图 5-17　光学元件维护保养步骤　　　　图 5-18　光学元件擦拭方法

　　擦拭时要使用试剂级(分析纯)的溶液,还要控制擦拭速度,使擦拭后棉球留下的液体恰好能立即蒸发不留下条痕,每擦拭一次都要更换棉签或棉球。

　　步骤 2 还可以采用拖动法擦拭,它是将高品质拭镜纸放在光学元件的表面,使用滴管挤出几滴溶液在拭镜纸上润湿整个光学元件,在光学元件上拖动拭镜纸并控制速度,使拭镜纸后面留下的液体恰好能立即蒸发。

　　(3) 步骤 3:针对中度污染(唾液、油)进行中等强度的清洁。

　　使用含有 6‰醋酸成分的蒸馏白醋浸润签体纯纸杆棉签或高质量医用棉球轻微压力擦拭光学元件的表面,再用干棉签或棉球擦去多余的蒸馏白醋,最后用步骤 2 中的溶液浸润棉签或棉球轻轻擦拭表面去除所有醋酸。

　　(4) 步骤 4:对受到严重污染(泼溅物)的光学元件进行强力清洁。

　　受到严重污染和较脏的光学元件需要使用光学抛光剂去除具有吸收作用的污染层。

　　① 晃动并打开光学抛光剂,倒出四、五滴在棉球上并轻按在光学元件表面以画圆的方式轻轻移动棉球,同时不断旋转光学元件,清洁所用的时间不应超过 30 s。注意勿施加太大压力,避免在光学元件的表面造成划痕。如果发现元件表面颜色发生变化,则说明薄膜涂层外部已被腐蚀,应立即停止抛光。

　　擦拭安装在支架上的光学元件应使用绒头棉签而不是棉球,元件的直径较小时不要施加过大的压力。绒头棉签是将一根棉签放在不含有外部微粒的泡沫上前后摩擦产生绒毛即可。

　　② 用异丙醇酒精迅速润湿绒头棉签,然后轻轻地对光学元件表面进行彻底清洁,尽可能多地清除抛光残渣。

　　光学元件尺寸大于或等于 2.00 in(1 in＝2.54 cm)时可以用棉球代替棉签。

　　③ 用丙酮浸湿绒头棉签清洁光学元件的表面,以去除在清洁过程中残留的所有异丙醇酒精和抛光残渣。

　　当用丙酮进行最后清洁时请在光学元件上轻轻拖动棉签,拭去原先留下的痕迹直到整个表面都被擦拭干净为止。做最后一个擦拭动作时应慢慢移动,以确保棉签后面的表面能立即变干消除表面的条痕。

擦拭安装在支架上的光学元件时可能无法去除表面上所有残渣痕迹,特别是在外侧边缘附近,此时确保剩余的残渣只留在光学元件的边缘而不是中心。

最后一个步骤是在良好的光线下,迎光并以黑色背景为衬托仔细检查光学元件的表面,擦拭后应光亮透明,表面无尘,如果还有可见的抛光残渣需要多次重复以上步骤。

某些类型的污染或损坏(如金属泼溅物、坑洞等)是无法去除的,这时只能更换。

步骤 4 不能用于新的或未使用过的激光光学元件,只有光学元件在使用中被严重污染,且在执行步骤 2 或 3 后未能取得可以接受的清洁效果的情况下才能使用这一步骤。

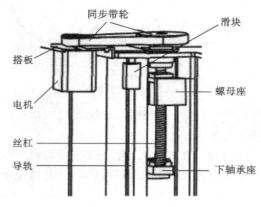

图 5-19　机械传动部件示意图

3. 机械传动部件维护保养知识

图 5-19 是某台激光设备 Z 轴运动机械传动系统部件示意图,通过同步带传动系统和丝杆螺母传动系统把电机的旋转运动改变为 Z 轴的直线运动。机械传动系统部件主要有电机、同步带、同步带轮、导轨、滑块、螺母座、轴承座等。

1)导轨及滑块组件维护保养

导轨及滑块组件起导向和支承作用,要求其有高导向精度和良好运动平稳性。

(1)导轨清洁维护:关闭电源,用棉布顺着导轨的轴向反复来回擦拭,直到光亮无尘后在表面加少许润滑油(可采用缝纫机油,切勿使用机油)并能均匀分布于表面。

(2)滑块(金属导轮)清洁维护与更换:滑块清洁维护与导轨清洁维护方法相同。

滑块是易磨损件,更换时要调整好导轨与滑块之间的间隙,调节方法为先调节滑块上的偏心轮使金属导轮轮面刚好接触导轨,锁紧滑块固定螺丝,再锁紧偏心轮上的紧固螺钉。

2)同步带及同步带轮维护保养

同步带及同步带轮容易出现微量拉伸变长松动,要适时进行调整。电机同步带的松紧度一般应调整到按压同步带中部时,其下沉量为两端带轮中心距的 3%~5%。调整过紧不仅会使传动带易拉伸变形,而且还会加速电机轴承磨损;调整过松则传动精度不准和灵敏度降低,所以对同步带的张力应调整到最佳状态。同步带应远离油或化学品,严禁与酸、碱、油及有机溶剂接触,保持干燥清洁的状态。同步带严重老化(或磨损)必须及时更换并注意与同步带轮匹配。同步带轮也会出现松动和磨损现象,要及时更换和锁紧,注意同步带轮与同步带要匹配。

3)丝杆、螺母座、轴承座维护保养

丝杆、螺母座、轴承座会产生松动,要观察有没有异响并及时紧固和维护,第一次紧固应在设备使用后一个月左右。

4)直线轴维护保养

关闭设备电源,把激光头移动到最右侧(或最左侧),用棉布顺着直线轴的轴向反复来回擦拭,直到直线轴光亮无尘;再把激光头移动到最左侧(或最右侧),用棉布顺着直线轴的轴向反复来回擦拭,直到直线轴光亮无尘。最后在直线轴表面加少许润滑油(可采用缝纫机油,切勿使用机油),将激光头沿左右方向慢慢推动,这样反复几次,让润滑油均匀分布于直线轴表面。

4. 电气元件维护保养知识

电气元件主要是指限位开关、传感器、操作按钮、工作指示灯等。

1)限位开关

至少每月检查一次限位开关是否有效,步骤如下:启动机器回零,使运动轴做极限位置运动,如果运动轴到达极限位置时停止运动,则证明限位开关工作正常;如果到达极限位置时还继续运动,则说明限位开关已损坏。

2)各按钮及指示灯的维护

断开相关电气连接后用万用表测量按钮触点接通及断开动作是否正常,有意触发各种工作和报警状态,测试警示灯、信号指示灯是否正常。

5. 辅助配件维护保养知识

激光设备还需要一些辅助配件,如风机、气泵、水箱等,如图 5-20 所示,维护保养以实际设备的说明书为准。

(a)气泵 　　　　　　　(b)水箱、水泵 　　　　　　　(c)风机

图 5-20 激光设备主要辅助配件

1)水的更换与水箱的清洁

循环水的水质及水温直接影响激光管的使用寿命,建议使用纯净水,并将水温控制在 35 ℃以下。如超过 35 ℃需更换循环水,或向水中添加冰块降低水温(建议用户选择冷却机或使用两个水箱)。

建议每星期清洗水箱与更换循环水一次。

清洗水箱时,首先关闭电源,拔掉进水口水管,让激光管内的水自动流入水箱内,打开水箱,取出水泵,清除水泵上的污垢。将水箱清洗干净,更换好循环水,把水泵还原回水箱,将连接水泵的水管插入进水口,整理好各接头。把水泵单独通电,并运行 2~3 min 使激光管充满循环水。

2)风机的清洁

每 15 天对风管、风机清洁,防止杂物堆积,从而影响抽风效果。检查是否存在泄露、异物,进行修复或清理工作。风机长时间的使用,会使风机里面积累很多固体灰尘,让风机产生很大噪声,也不利于排气和除味。当出现风机吸力不足排烟不畅时,首先关闭电源,将风机上的入风管与出风管卸下,除去里面的灰尘,然后将风机倒立,并拨动里面的风叶,直至清洁干净,最后将风机安装好。

5.4.2 切割机常见故障及排除方法

由于使用或其他原因,激光切割机可能会出现故障,判断和排除简单的故障是设备调试人员的基本功力,表5-9列举了简单故障现象及解决方法。比较系统和复杂的故障需要针对不同的机型详细分析,我们将在以后的系列教材中专题解决。

表 5-9 激光切割机简单故障现象及解决方法

故障现象	可能存在的原因	处理方案
开机无反应	电源供电 220 V AC 50 Hz 是否通电	检查激光机供电
	开关未打开	打开开关
	保险烧毁	检查保险并查烧毁原因
	总电源开关损坏	更换开关
不出光	激光开关未打开	打开激光开关
	激光管损坏或老化	更换激光管
	激光器电源损坏	更换激光器电源
	光偏移	调光
	数据错误	重新做文件
	功率调节电位器未调到适当挡位或损坏	重新调整或更换
	相关电路损坏	检查线路
	未注水或水位开关坏	检查水循环部分是否正常或更换水位开关
	数据线接触不良	调整或更换
丢步	强电磁干扰	找出干扰源并排除
	软件相关参数设置过大或过小	重新设置参数
	导轨、滑块坏或配合过深或过松	调整更换
	软件遭病毒破坏	杀毒或重装系统
	文件编辑问题	重新做文件
	供电不稳	检查供电是否在允许波动范围内
	驱动器坏	更换
	电机坏	更换
	机内连线脱落点松动	检查机内相关布线
	皮带过紧或过松	调整或更换

故障现象	可能存在的原因	处理方案
雕刻重影	软件相关参数设置不对	重新设置或咨询设备厂商
	皮带松紧不适	调整皮带
	偏光	重新调光
切割/雕刻效果差	参数设置不对	重新设置
	光偏	重新调光
	镜片脏	清洗镜片
	激光管老化	更换激光管
	焦距不对	重新对焦
	工作台不平	调整工作台
	功率调整不合适	根据不同材料选择不同速度和功率
	相关部件老化,如导轨、镜片脱膜等	更换已损坏部件
撞车	原点开关故障	更换原点开关
	控制卡故障	重新写程序升级或更换控制卡
	相关连线回路脱落	找出故障点重新焊接
尺寸不符	软件设置步距不对	重新设置
	丢步导致的尺寸问题	检查丢步原因
噪声	有异物阻挡	清除异物
	驱动器损坏	更换驱动器
	导轨、滑块配合不良	维修或更换
	相关参数设置不对	更改设置
无法联机工作	数据线未连接或内部断线	更换或重新插入
	相关驱动程序未安装	重新安装驱动
	控制卡故障	更换控制卡或进行升级
	软件版本号不对	直接联系公司获得升级程序
激光高压打火	激光管损坏	更换激光管
	高压线某接头接触不良	找出故障点并重新处理
	高压焊接毛刺	重新焊接
	相关高压连线松脱	查出故障点并排除
激光管损坏	连续工作时间太短且水温过高	实时监测水温变化,及时换水
	功率一直处于最大	调整激光管输出功率
	水温低于 0 ℃结冰	注意防冻
	水循环故障	检查原因并及时排除

续表

故障现象	可能存在的原因	处理方案
排烟效果差	风机坏	更换风机
	风道太脏	清理风道
	风循环短路	找出短路源并及时处理
数据计算错	文件格式错	请尽量使用 PLT、AI、BMP 等格式
	软件计算死机或时间长	系统运行速度缓慢,文件太大,要稍等
X、Y 轴不移动	扫描开关坏或未打开	打开扫描开关或更换
	驱动器无供电	检查供电回路
	数据线接触不良或断线	重新插入或更换
	控制卡坏	更换控制卡
	供电不稳导致驱动器烧毁	查出原因并更换驱动器,加稳压器
软件打不开	病毒干扰	重装系统
	加密狗损坏或未输入	更换加密狗或重新输入
	版本不对	直接联系公司获得升级程序

附录　CO₂ 激光切割机装调作业指导书

文件编号	项目名称	工作任务	产品名称	产品型号	分发部门
001	结构件和器件安装技能训练	机箱检验	60 W CO₂ 激光切割机	GJD-CO2-60	

装配示意图：

作业过程：

1. 根据作业指导书填写工、量具领料单
2. 根据作业指导书填写机箱安装结构件领料单
3. 机箱安装前检验项目：
   (1) 材料外观：平整或技术无锈迹，无开裂与变形
   (2) 尺寸：按图纸或技术要求执行
   (3) 外观：表面无锈迹，毛刺批锋，外观一致性良好
   (4) 尺寸：按图纸与国标要求，重要尺寸零缺陷
   (5) 机箱装配后不允许由于振动或其他外界作用而翻倒。机柜不翻倒。机箱装配方法：使机柜倾斜10°，部件不应有松脱现象，不应有异响

   机柜与机柜四周产生磨擦与干涉，不应有碰撞、刮漆现象
   (6) 门、面板的安装对正及间隙要求
   机柜相同地方的间隙差值小于0.4 mm。门开启灵活，在开启范围内不许
   (7) 地脚、脚轮固定牢固，地脚升降无卡死现象，脚轮运行要平稳
   (8) 操作面板要拆装方便，不会有卡死现象
   (9) 要有电气元件安装卡位
   (10) 工作台面的表面粗糙度≤0.3 mm，平面度≤0.1 mm

需备零部件

序号	名称/型号	单位	数量
1	机箱 9060	个	1

工、量具

序号	名称	单位	数量
1	卷尺	个	1

编制（日期）	校对（日期）	审核（日期）	批准（日期）

第 1 页　共 28 页

文件编号	项目名称	工作任务	产品名称	60 W CO₂ 激光切割机	分发部门
002	结构件和器件安装技能训练	机箱安装	产品型号	GJD-CO2-60	

装配示意图:

作业过程:

1. 安装门把手

把手用螺丝固定在门中间,保证牢固,长时间使用不会松动

2. 安装气弹簧撑杆

首先把机箱上翻盖打开,用螺丝把气弹簧撑杆的两端分别固定在上翻盖和机箱的螺孔上,注意气弹簧撑杆细的一端在上方

3. 安装观察窗

先把上翻盖打开,测量上翻盖上观察窗槽的长宽尺寸,再把有机玻璃板按长宽尺寸切割成相应的方形,把该方形有机玻璃板安装在观察窗的安装槽里,用四条螺丝固定有机玻璃板的四个边压住,最好用螺丝固定

4. PVC 布线槽的安装

参照配电示意图把线槽安装在指定位置

5. 操作面板的安装

把操作面板放进上翻盖指定的槽里,并用螺丝固定。注意安装时不要刮花面板以免影响外观

需备零部件:

序号	名称/型号	单位	数量
1	气弹簧撑杆:350 N	个	1
2	有机玻璃板:500 mm×300 mm×3 mm	片	1
3	PVC 布线槽:20 mm×20 mm	条	1

工、量具:

序号	名称	单位	数量
1	组合内六角扳手	套	1
2	组合螺丝刀	套	1
3	水平仪	个	1
4			

编制(日期)	校对(日期)	审核(日期)	批准(日期)	共 28 页　第 2 页

文件编号	项目名称		产品名称		分发部门
003	结构件和器件安装技能训练		60 W CO₂ 激光切割机		
	工作任务	机箱安装	产品型号	GJD-CO2-60	

装配示意图：

作业过程：

6. 电源、电气元件的安装
根据配电示意图和安装定位孔尺寸把激光管电源、开关电源放在固定位置，然后用画线笔画出孔位，用电钻打好孔攻好丝，最后用螺丝固定

7. 风扇的安装
把风扇（220 V AC）固定在机箱指定风扇处，风扇有标识的一面朝外，让风朝外吹。注意在风扇外加装上一层防护铁网

8. 安装气嘴、水嘴
把两个水嘴、一个气嘴接头穿过机箱指定孔位，并用螺母固定

9. 设备外观的丝印
丝印板清洗干净，在对应的位置上印刷出相符字样，印刷完后，丝网要清洗清洗干净

10. 工作平台的调水平
放下地脚或脚轮，把机箱上翻盖全部拿掉，将水平仪分别放在机箱平台的四个边上，调节各地脚或脚轮，使水平仪里面的气泡在各个方向都是处于水平气管的中心位置

工、量具

序号	名称	单位	数量
1	水平仪	个	1
2	组合螺丝刀	套	1
3	电钻	个	1
4	丝印网版	套	1

需备零部件

序号	名称/型号	单位	数量
1	风扇：220 V/0.1 A	个	2
2	气嘴	个	1
3	水嘴	个	2

编制（日期）	校对（日期）	审核（日期）	批准（日期）	共 28 页　第 3 页

文件编号	项目名称	工作任务	产品名称	产品型号	分发部门
004	结构件和器件安装技能训练	传动系统领料	60 W CO₂ 激光切割机	GJD-CO2-60	
					第 4 页 共 28 页

装配示意图:

作业过程:

1. 根据作业指导书填写工,量具领料单
2. 根据作业指导书填写机箱安装结构件领料单
3. 直线导轨系统安装前检验
   1) 导轨外观
   平整无锈迹,无开裂与变形
   2) 尺寸
   根据该导轨相应规格尺寸进行测量,要求尺寸达到合格
   3) 滑块外观
   表面无锈迹,破损,滑块有塑料轨卡住
4. 步进电机安装前检验
   1) 电机外观
   电机表面油漆均匀,无刮伤,电机旋转轴无锈迹,转动灵活
   2) 电机尺寸
   按照电机说明书的尺寸图检查电机尺寸
   3) 电机的线路
   检查电机的配线是否折断,颜色是否正确

工,量具

序号	名称	单位	数量
1	游标卡尺	个	1
2			
3			
4			

需备零部件

序号	名称/型号	单位	数量
1	直线导轨:EGW25CAE2R900EZAP2	套	3
2	步进电机:57HS13	个	2
3			
4			

编制(日期)	校对(日期)	审核(日期)	批准(日期)

文件编号	项目名称	结构件和器件安装技能训练	产品名称	60 W CO₂ 激光切割机	分发部门	
005	工作任务	传动系统装调	产品型号	GJD-CO2-60		

装配示意图：

作业过程：

1. 安装图纸定位基准轨座

以平台的左边缘为基准线，装上基准轨座，先上好部分螺丝但不拧紧，用高度尺或游标卡尺测基准线到基准轨座距离，前、中、后三点一样，不一致则微调基准轨座，达到一致后逐个拧紧螺丝，固定好基准轨座。用水平仪查看基准轨座两端是否在同一平面。

注意：基准轨座安装必须达到精度要求，否则会影响下面的安装操作以及整个传动系统的性能

2. 安装基准轨

先把导轨螺孔上好内六角螺丝，不要拧紧，以基准轨座为基准用上述方法把基准轨调成与基准面平行，再用移动百分表测试，再以基准轨座的两端测量到基准轨的距离一致，这表示基准轨面与工作台的距离一致，使基准轨的两端离工作台的距离一致，最后逐个固定好螺丝

3. 安装从动轨座

以工作台前边为基准面，用深度尺或游标卡尺测量基准轨座和从动轨座到基准面的距离；再以基准轨座为基准，用直尺测量从动轨座的前、中、后三段到基准轨座的边缘的距离，使之相同，用水平仪分别查看从动轨座是否在同一水平面上

工、量具

序号	名称	单位	数量
1	游标卡尺	个	1
2	内六角螺丝刀	套	1

需备零部件

序号	名称/型号	单位	数量
1	直线导轨:EGW25CAE2R900EZAP2	套	3
2			

编制（日期）	校对（日期）	审核（日期）	批准（日期）	共28页 第5页

文件编号	项目名称	产品名称	60 W CO₂ 激光切割机	分发部门
006	结构件和器件安装技能训练	产品型号	GJD-CO2-60	
	工作任务	传动系统装调		

装配示意图：

作业过程：

4. 安装从动导轨。
5. 安装基准轨和从动轨的夹轨。

先把滑块本身自带的夹轨对准导轨，夹轨与导轨相对接，滑块通过夹轨滑上导轨。

注意：不要让滑块离开导轨以免滑块里的滚珠掉落。

6. 安装滑块转接板。

把滑块转接板用螺丝固定在滑块的孔位上，转接板尽量与导轨垂直，分别在两个滑块上装上转接板。

7. 安装导轨挡块：分别在基准轨和从动轨的两端装上挡块，以防止滑块滑出导轨。
8. 安装 X 轴导轨座。

先把 X 轴导轨座装在基准轨的滑块上，用直角尺测试 X 轴导轨座与基准轨座，X 轴导轨座与从动轨座相垂直，再用百分表测量调试 X 轴导轨座两端到工作台的距离，使之相同，固定好 X 轴导轨座。

9. 安装 X 轴导轨、滑块及挡块

工、量具

序号	名称	单位	数量
1	内六角螺丝刀	套	1
2	直角尺	个	1
3	水平仪	个	1
4	直尺	个	1

需备零部件

序号	名称/型号	单位	数量
1	直线导轨：EGW25CAE2R900EZAP2	套	3
2	导轨滑块	个	3

编制（日期）	校对（日期）	审核（日期）	批准（日期）	
			共 28 页	第 6 页

文件编号	项目名称		产品名称	60 W CO₂ 激光切割机	分发部门	
007	结构件和器件安装技能训练	工作任务	传动系统装调	产品型号　GJD-CO2-60		

装配示意图：

作业过程：

10. 安装聚焦筒转接块

把聚焦筒转接块固定在 X 轴导轨滑块上。

11. 安装 Y 轴电机传动

(1) 把小齿轮套进步进电机旋转轴并用顶丝锁死。

(2) 分别在基准机座的上端面装上小齿轮座。

(3) 圆柱导轨依次穿过大齿轮、轴承、小齿轮座、小齿轮、轴承、小齿轮座、小齿轮和轴承，用顶丝固定死大齿轮和小齿轮。

(4) 把装好小齿轮的电机轴安装在电机座上，把皮带套在大齿轮和小齿轮上，调节电机座使皮带拉紧，并使大齿轮与小齿轮在同一垂直平面，固定好电机座。

(5) 在基准轴承座的另一端装上小齿轮座，用短圆柱穿过小齿轮座和小齿轮并在两边都装上轴用卡环，锁死小齿轮。

(6) 在基准轨和从动轨滑块转接板上装上两个小齿轮座，两端的齿轮圆心在同一水平面上，上下皮带要平行。

12. 安装 X 轴电机传动

在 X 轴导轨的两端、X 导轨座上装上两个小齿轮座，用短的圆柱导轨依次穿过轴承、小齿轮、轴承、大齿轮、锁死大小齿轮；用上述中的(1)、(4)、(5)、(6)等方法把 X 轴电机传动系统装好。

需备零部件

序号	名称/型号	单位	数量
1	传动系统机加件	套	3

工、量具

序号	名称	单位	数量
1	内六角螺丝刀	套	1
2	直角尺	个	1
3	水平仪	个	1

编制（日期）	校对（日期）	审核（日期）	批准（日期）	共 28 页　第 7 页

文件编号	项目名称	工作任务	产品名称	产品型号	分发部门
008	结构件和器件安装技能训练	传动系统装调	60 W CO$_2$ 激光切割机	GJD-CO2-60	

装配示意图:

作业过程:

13. 安装聚焦筒

把聚焦筒上半部分穿过转接块并固定好,再把气嘴转接套装进切割嘴处,最好把聚焦筒下半部分套入聚焦筒上半部分

14. 安装限位开关

分别在 X 轴和 Y 轴直线导轨座的两端装上限位开关,当两个轴的滑块滑到最边缘的时候必须要碰到限位开关

15. 安装激光管支架

以工作台的后边缘为基准面,在激光管罩下方的平台上装上两个激光管支架,两支架到基准面的距离相同

16. 安装第一反射镜架

把第一反射镜架支架安装在与激光管的两个支架同一条直线上

17. 安装第二反射镜架

先把镜架固定在镜架转接板上,再把转接板固定在 X 轴导轨座上

18. 安装第三反射镜架

先装上 45°三角形支块,再把镜架装在支块上

工、量具

序号	名称	单位	数量
1	内六角螺丝刀	套	1
2	螺丝刀	套	1
3	直尺	个	1
4			

需备零部件

序号	名称/型号	单位	数量
1	限位开关	个	4
2	传动系统机加件	套	1

编制(日期)	校对(日期)	审核(日期)	批准(日期)	第 8 页 共 28 页

文件编号	项目名称	工作任务	产品名称	产品型号	分发部门
009	结构件和器件安装 技能训练	切割台装调	60 W CO₂激光切割机	GJD-CO2-60	

装配示意图：

作业过程：

1. 根据作业指导书填写工、量具领料单
2. 根据作业指导书填写结构件安装结构件领料单
3. 安装切割台底梁

分别在切割槽的两端装上底梁，但不要固定，以切割槽的上边缘为基准，保证这两个底梁与基准面平行且在同一高度面上，调好后固定底梁

4. 安装扁铁

把扁铁安装在底梁上的各个卡槽里，每条扁铁保证平行度，可以根据实际需要改变扁铁之间的距离

5. 调节切割台的水平

将水平仪放在切割台的四边和中间查看水平情况，如果不水平，则需调节底梁的位置，调好后固定底梁

注意：安装切割台时需要小心，扁铁边缘比较锋利可能会造成人身伤害

工、量具

序号	名称	单位	数量
1	内六角螺丝刀	套	1
2	螺丝刀	套	1
3	水平仪	个	1
4			

需备零部件

序号	名称/型号	单位	数量
1	扁铁	条	若干
2	底梁	条	2

编制（日期）	校对（日期）	审核（日期）	批准（日期）	共 28 页　第 9 页

文件编号	项目名称	器件连接技能训练	产品名称	60 W CO₂ 激光切割机	分发部门	
010	工作任务	电气元件准备	产品型号	GJD-CO2-60		

作业过程：

1. 根据作业指导书填写工、量具领料单
2. 根据作业指导书填写电气控制系统领料单
3. CO₂ 激光切割机各电气元件安装前检验
 1) 外观

 无锈迹、无开裂与变形

 2) 性能

 电气元件的各项性能正常

示意图：

工、量具

序号	名称	单位	数量
1			
2			
3			
4			
5			

需备零部件

序号	名称/型号	单位	数量
1	交流滤波器：FT110 250 V/20 A	个	1
2	急停开关：蘑菇头自锁钮，开孔 22 mm	个	1
3	按钮开关：自锁，开孔 22 mm	个	3
4	接线排：TB1510	个	1
5	开关电源：明纬 36 V/5 A	个	1

编制（日期）	校对（日期）	审核（日期）	批准（日期）	共 28 页 第 10 页

文件编号	项目名称	器件连接技能训练	产品名称	60 W CO₂ 激光切割机	分发部门
011	工作任务	电气元件安装	产品型号	GJD-CO2-60	

安装图：

作业过程：

1. 把钥匙开关、2 个自锁按钮开关装在机箱上。在机箱后面的孔位上装上带有 2 个三孔、1 个两孔孔的插座。
2. 把一个带保险丝的三孔插座和两芯航插固定在机箱后面。
3. 分别把交流电接触器、24 V 开关电源、5 V 开关电源、X\Y 电机驱动器、控制卡按顺序固定在配电板上，另在配电板两边装上线槽。
4. 把激光电源固定在机箱内部。
注意：激光电源与配电板要有一定的距离
5. 在机箱上面装好控制面板。
6. 把冷水机水箱装满水并用水管按进出水口指示连接到机箱水嘴。
7. 把吹气泵放置在机箱旁边并用气管连接气泵和机箱上的气嘴。
8. 把抽风机排放在离窗口比较近的位置，用通风软管连接抽风机和机箱底部的抽风口。

工、量具

序号	名称	单位	数量
1	内六角扳手	套	1
2	螺丝刀	套	1
3			
4			
5			

备备零部件

序号	名称/型号	单位	数量
1	冷水机：CW3000	台	1
2	吹气泵：500 psi	台	1
3	抽风机：100 W	台	1
4	激光电源：济南宏源 60 W	个	1
5	开关电源：明纬 36 V 5 A	个	1
6	开关电源：明纬 5 V 2 A	个	1

编制（日期）	校对（日期）	审核（日期）	批准（日期）	第 11 页
				共 28 页

文件编号	项目名称	器件连接技能训练	产品名称	60 W CO$_2$ 激光切割机	分发部门
012	工作任务	供电系统连接	产品型号	GJD-CO2-60	

电路接线图：

作业过程：

1. 参照电路图把所有电线上用的线号定义用线号机打印出来。

2. 参照电气电路图接好切割机的 220 V 交流电的主线路。主线路火线用 2.5 平方的红色电线，零线用 1.5 平方的黑色电线。

注意：

(1) 火线、零线不要接反，钥匙开关、按钮开关接常开挡。

(2) 使用压线钳压端子时要好，最好再上点焊锡。

(3) 接线端子上所有螺钉不得有松动现象，接线号码管要正确清晰。

(4) 布线要求正确、整齐、美观，接地良好。

3. 用万用电表根据电气电路图检查主电路接线是否正确。用万用电表检查时要仔细认真，防止触电或因短路造成器件烧坏线路检查时要仔细认真，防止触电或因短路造成器件烧坏。

需备零部件

序号	名称/型号	单位	数量
1	U 型电线端子	个	若干
2	单芯电线：2.5 平方红	m	10
3	单芯电线：2.5 平方黑	m	10
4	单芯电线：2.5 平方黄绿	m	10
5			

工、量具

序号	名称	单位	数量
1	万用电表	个	1
2	螺丝刀	套	1
3	剥线钳	个	1
4	压线钳	个	1
5	线号机	台	1
6	电烙铁	个	1

编制（日期）	校对（日期）	审核（日期）	批准（日期）	共 28 页	第 12 页

文件编号	项目名称	工作任务	产品名称	产品型号	分发部门
013	器件连接技能训练	步进电机系统连接	60 W CO₂激光切割机	GJD-CO2-60	

电路接线图:

作业过程:

1. X,Y电机的供电
从24 V开关电源的24 V,GND端分别接线到X,Y驱动器的24 V,GND端口上
2. 根据电机说明书或用万用电表来分出X,Y电机的A+,A-,B+,B-4根线,分别把这个4根线接到X,Y驱动器上相应的端口上,接线时线要穿过线槽,并要固定好线槽
3. 分别从X,Y驱动器上的PUL,DIR,5V端口引出3根线

注意:
(1) 24 V电源线用1平方的红线,GND用1平方的黑线,其他线可用0.5平方或0.3平方的细线
(2) 线号套管要正确,清晰
(3) 布线要求正确,整齐,美观,接地良好
4. 用万用电表根据接线图检查接电机驱动接线是否正确
线路检查时要仔细认真,防止触电或短路而造成器件烧坏

需备零部件

序号	名称/型号	单位	数量
1	电机驱动器:M542-05	个	2
2	线槽:20 mm×20 mm	条	2
3	电源线:1平方红,黑	m	2
4	电源线:0.5平方白	m	3
5			

工,量具

序号	名称	单位	数量
1	电烙铁	套	1
2	螺丝刀	套	1
3	万用电表	个	1
4	剥线钳	个	1
5	压线钳	个	1

编制(日期)	校对(日期)	审核(日期)	批准(日期)	共28页 第13页

文件编号	项目名称	器件连接技能训练	产品名称	60 W CO₂ 激光切割机	分发部门
014	工作任务	控制系统连接	产品型号	GJD-CO2-60	

电路接线图：

作业过程：

1. 板卡供电接线：
从 5 V 开关电源 5 V、GND 端引出线接控制卡 J14、J15 相应端口
2. 板卡与电机驱动器的接线
把从 X、Y 驱动器出来的 PUL、DIR、5 V 的 3 根线分别接到控制卡的 J2、J3 的 PUL、DIR、EX5V 端口上
3. 板卡与激光电源的接线
控制卡 J8 的 PWM3、DIR3 端口引出 2 根线到激光电源；控制卡水保护端必须短接
4. 控制卡与控制面板接线
控制面板供电线接到板卡 J14 端、面板信号排线插入控制卡中间插槽
5. 限位开关接线
分别把 X、Y 导轨两端的限位开关的一端分别接控制卡 J9 端口的 2、3、4、5，另一根线接入 J9 端口的 6 脚
6. 用万用电表根据接线图检查电机驱动接线是否正确
线路检查时要仔细认真，防止触电或因短路造成器件烧坏

需备零部件

序号	名称、型号	单位	数量
1	控制板卡：TL301	套	1
2	限位开关	个	4
3	电源线：2 芯 0.5 平方	m	10
4			
5			

工、量具

序号	名称	单位	数量
1	电烙铁	套	1
2	螺丝刀	套	1
3	压线钳	个	1
4	剥线钳	个	1
5	万用电表	个	1

编制（日期）	校对（日期）	审核（日期）	批准（日期）	共 28 页	第 14 页

文件编号	项目名称	工作任务	产品名称	产品型号	分发部门
015	器件连接技能训练	激光电源及激光器连接	60 W CO₂激光切割机	GJD-CO2-60	

电路接线图：

作业过程：

1. 激光电源与控制卡接线：把控制卡上J8端口引出的PWM3,DIR3分别接入激光电源上的TH,IN端口

2. 激光电源水保护的接线
把激光冷水机上水流开关的2根信号线接到两芯航插上，再通过两芯航插的接头接到激光电源的WP,G端子上

3. 用万用电表根据接线图检查电机驱动接线是否正确
线路检查时要仔细认真、防止触电或因短路造成器件烧坏

注意：

(1) 接线号码管要正确清晰

(2) 布线要求正确、美观、整齐美观、接地良好

工、量具

序号	名称	单位	数量
1	电烙铁	套	1
2	螺丝刀	套	1
3	压线钳	个	1
4	剥线钳	个	1
5	万用电表	个	1

需备零部件

序号	名称/型号	单位	数量
1	激光电源：宏源 60 W	套	1
2	冷水机：CW300	个	1
3	电源线:3 芯 0.5 平方	m	3
4	电源线:2 芯 0.5 平方	m	2
5			

编制（日期）	校对（日期）	审核（日期）	批准（日期）	共 28 页	第 15 页

文件编号	项目名称	工作任务	产品名称	产品型号	分发部门
016	光路系统装调技能训练	光学元件准备	60 W CO$_2$ 激光切割机	GJD-CO2-60	

光路示意图:

作业过程:

1. 根据作业指导书填写工、量具领料单
2. 根据作业指导书填写光路系统领料单
3. CO$_2$ 激光管安装前检验
   1) 外观
   有合格证、编号、警示标识齐全,外观无灰尘,镜片无污染,管子无裂缝
   2) 性能
   尺寸符合要求,出光稳定,功率达到要求,无打火,无嘯叫,功率随电流增加而增大
4. 镜片检验
   检查镜片尺寸规格,是否有破损,膜面是否干净

工、量具

序号	名称	单位	数量
1	游标卡尺	把	1
2	功率计	套	1
3	棉签	包	1
4	无水乙醇	瓶	1
5			

需备零部件

序号	名称/型号	单位	数量
1	激光管:60 W	个	1
2	全反镜:$\phi20\times3$ mm 钼	片	3
3	聚焦镜:$\phi20$ mm $f=25$ mm	片	1
4	三维光学镜架	个	3
5			

编制(日期)	校对(日期)	审核(日期)	批准(日期)	共 28 页 第 16 页

文件编号	项目名称	光路系统装调技能训练	产品名称	60 W CO₂激光切割机	分发部门
017	工作任务	激光器安装	产品型号	GJD-CO2-60	

安装图：

作业过程：

1. 先将激光管支架安装固定好，注意：短的调节螺丝一侧要靠近机器内侧安装且两侧的固定螺母先调至螺丝底端，待光路调好后再将螺母锁紧

2. 摆放橡胶垫片

将橡胶垫片放在激光管支架上，并使支架处在橡胶垫片中心位置

3. 摆放激光管

区分好激光管的正负极后，将激光管放到已摆放好的橡胶垫片槽内，并调整好激光管的位置

激光管的摆放要求：低端进水高端出水（低端/高端是指与管子第二层相连的水嘴/高端是指直接相连的水嘴，而非两端部的镜片冷却水嘴。一般出光端为高端）。激光管的出光口第二层（负极端）到第一反射镜的距离为 10～20 mm，并使激光管（高压端到机壳外端的距离为 20～30 mm

4. 将激光管摆放好后，用剪刀将激光管多余的橡胶垫片剪掉下，用绝缘胶带将橡胶垫片缠裹在激光管上

固定在激光管上，然后将激光管取下，用绝缘胶带（剪口朝上），并用绝缘胶带将橡胶垫片初步

注意激光管出光方向，切勿放反

工、量具

序号	名称	单位	数量
1	螺丝刀	套	1
2	工具刀	个	1
3			

需备零部件

序号	名称/型号	单位	数量
1	激光管：60 W	台	1
2	橡胶垫片	片	2
3	绝缘胶带	片	2

编制（日期）	校对（日期）	审核（日期）	批准（日期）	共 28 页	第 17 页

174 激光切割机装调知识与技能训练

文件编号	项目名称	产品名称	分发部门
018	光路系统装调技能训练	60 W CO₂ 激光切割机	
	工作任务	产品型号	
	激光器安装	GJD-CO2-60	

安装图:

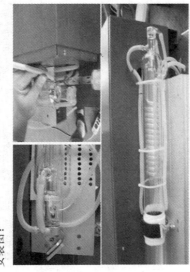

作业过程:

5. 将缠好的激光管放回到支架上。先用绷带固定，再排放好线管与水管的位置，最后连接好各水管（连接水管时可在水嘴处涂抹少量的水以便安装）。

6. 水管装好后转动激光管，用砂纸将两个接线柱上的氧化层打磨掉并用细铜丝将两个接线柱密密地缠裹好，上好锡。

7. 将阴极线和高压线套上橡胶管，并用705绝缘胶涂抹好后，将橡胶管套住后与激光管正极接线柱对焊，阴极线直接上锡并与激光管负极接线柱对焊，高压线上锡后与激光管正极接线柱对焊（此过程只针对高压线进行固定）后顺势折弯并用线匝扎好。

8. 将激光管放到合适的位置放好后，用激光夹具夹住各个水管和阴极套，用线匝将各个水管和阴极套管固定好。

注意:

焊接时间不宜过长，以免电极过度受热，造成玻璃破裂。电极焊一定要牢固并且要求表面光滑无毛刺，否则可能会造成高压阴极端对机壳放电，可能会损伤到控制电路或激光管

工、量具

序号	名称	单位	数量
1	螺丝刀	套	1
2	电烙铁	套	1
3	剥线钳	个	1
4	压线钳	个	1

需备零部件

序号	名称/型号	单位	数量
1	硅胶水管	m	若干
2	705绝缘胶	瓶	1
3	扎带	条	若干
4	橡胶管套	条	若干

编制（日期）	校对（日期）	审核（日期）	批准（日期）	共28页 第18页

文件编号	项目名称	工作任务	产品名称	产品型号	分发部门
019	光路系统装调技能训练	调光光靶制作	60 W CO₂ 激光切割机	GJD-CO2-60	

安装图：

作业过程：

1. 把镜架安装在镜架支座上，调节镜架支座的高度使激光管出光口、镜架的镜片圆心处于同一水平面上。
2. 制作调光光靶：根据反射镜片尺寸用有机玻璃（也可以用硬纸片）制作调光光靶。经测量：直径为 10 mm，厚度为 2 mm。具体步骤如下：
   (1) 用游标卡尺测量反射镜片的直径和厚度。
   (2) 准备厚度为 2 mm 的透明单色有机玻璃板，作图切割单个合格光靶
   ① 用 AutoCAD 或 CorelDraw 绘图软件做一个直径为 10 mm 的圆。在圆的中心画一条不同颜色的十字线
   ② 将绘图软件中做好的图形导入切割软件中
   ③ 将外框和十字线分别用不同的能量来切割，先用小能量切十字线，再用大能量切外圆轮廓、试切、直到成功做出一个合格的光靶
   (3) 由于光靶时需要至少 20 个以上的光靶，在成功切出单个光靶后，在切割软件中用复制的方法批量加工多个光靶

工、量具

序号	名称	单位	数量
1	游标卡尺	个	1
2	螺丝刀	套	1
3	切割机	台	1

需备零部件

序号	名称/型号	单位	数量
1	有机玻璃板 2 mm 厚	片	1

编制（日期）	校对（日期）	审核（日期）	批准（日期）
			共 28 页　第 19 页

文件编号	项目名称	光路系统装调技能训练	产品名称	60 W CO₂ 激光切割机	分发部门
020	工作任务	光路装调	产品型号	GJD-CO2-60	

光路调试图:

作业过程:

1. 利用面板上测试按键(单击)将激光输出电流调至适合值(如 4～8 mA),将光靶夹来在第一反射镜表面,微调激光管调整架,并配合使用测试按键(单击),使发射出的激光能完全处于光靶中心上。完毕撤掉光靶装上全反镜。

2. 将光靶装在第二反射镜架上,将 X 轴横梁移至最靠近激光管的位置,再将 X 轴横梁移至离激光管最远手动出射镜的位置,手动出射第一反射镜微调第一反射镜使激光处也处于干靶心,如果不重合,需反复按上述步骤来操作

3. 将 X 轴横移至 Y 轴中心位置,拿掉第二反射镜的光靶并装上反射镜。把光靶装在第三反射镜上,将激光头移至靠近第二反射镜的位置,手动出光微调第二反射镜使激光移至靠近到离第二反射镜,再将激光头移到远近的位置,手动出射第三反射镜使激光也处于干靶心,如果不重合需反复复上述步骤来操作,拿掉光靶光微调使激光也处于干靶心,装上反射镜

工、量具

序号	名称	单位	数量
1	棉签	个	若干
2	无水乙醇	瓶	1
3	洗耳球	个	1
4			

需备零部件

序号	名称/型号	单位	数量
1	调光光靶	个	若干
2			
3	全反镜:φ20×3 mm　钼	片	2
4			

编制(日期)	校对(日期)	审核(日期)	批准(日期)	共 28 页　第 20 页

文件编号	项目名称	光路系统装调技能训练	产品名称	60 W CO₂激光切割机	分发部门
021	工作任务	光路装调	产品型号	GJD-CO2-60	

光路调试图:

作业过程:

4. 将光靶放置于聚焦镜筒下方,使用调节旋钮微调第三反射镜,并配合使用手动出光,使经第三发射镜反射出的激光完全处于聚焦镜筒内并尽量从聚焦镜筒中间射入(注意此时产生的烟雾可能会对第三反射镜片造成污染,应尽量避免产生的烟雾进入第三反射镜头)。完毕撤掉光靶

5. 把聚焦镜凸面朝上装进聚焦镜,用一块5～8 mm厚的有机玻璃放在聚焦镜下方焦点处。手动出光,观察打孔情况。要求又正又透,有机玻璃的孔应正而细(上口略大,越往下越细),如果不好,可微调第三反射镜,直到微调好为止。

注意:

(1) 一定要向用户强调定期清洁镜片,在作业过程中及时注意激光冷冷却水温

(2) 调试过程中要注意激光防护,以免危及人身安全

工、量具

序号	名称	单位	数量
1	棉签	个	若干
2	无水乙醇	瓶	1
3	洗耳球	个	1
4			

需备零部件

序号	名称、型号	单位	数量
1	全反镜:φ20×3 mm 钼	个	1
2	聚焦镜:φ20 mm f＝25 mm	个	1
3			
4			

编制(日期)	校对(日期)	审核(日期)	批准(日期)

文件编号	项目名称		产品名称	产品型号	分发部门
022	工作任务	整机装调技能训练	60 W CO₂ 激光切割机	GJD-CO2-60	
		软件安装			

作业过程：

1. 根据作业指导书填写工、量具领料单

2. 根据作业指导书填写整机系统领料单

3. 工控软件安装前检验：① 查看工控机整机各端口是否完好；② 查看工控机的配置是否达到软件安装的配置要求；③ 查看工控机的操作系统是否正常，运行流畅无中毒现象

4. CorelDraw12 安装：将 CorelDraw 12 安装盘放入光驱中，双击 运行安装程序，依次单击"下一步"按钮进行安装，过程中需输入序列号：DR12WNX-4157979-FKY，直到安装完成

5. CorelDraw 直接输出软件安装：打开计算机找到软件安装文件 ，双击进行安装，单击"下一步"按钮，把文件安装在 CorelDraw 12 的文件夹下，单击"确定"按钮完成安装。安装完成后还需配置一下软件：打开 CorelDraw 12，选择菜单栏里的"工具"→"选项"，可以进入设置界面。先用鼠标单击左面的"VBA"，然后再把下方"延迟装入 VBA"勾去掉单击完成

工、量具	序号	名称	单位	数量
	1	光驱	个	1
	2	软件安装光盘	个	1
	3			
	4			
编制（日期）	校对（日期）			

需备零部件	序号	名称/型号	单位	数量
	1	工控机	套	1
	2			
	3			
	4			
审核（日期）	批准（日期）		共 28 页	第 22 页

文件编号	项目名称	产品名称		分发部门
023	整机装调技能训练	60 W CO₂ 激光切割机		
	工作任务	软件安装	产品型号	GJD-CO2-60

作业过程：

1. 计算机设装驱动时，插上 USB，给系统上电后，计算机上显示发现新硬件（见图　　），且马上会跳出硬件向导框，选择"否，暂时不"，单击"下一步"按钮，选择从列表或指定位置安装，单击"下一步"按钮，显示图　　；

2. 选择"在搜索中包括这个位置"，单击"浏览"按钮，选择 USB 驱动文件夹，单击"确定"按钮，显示图　　；

3. USB 驱动应该装两次才算完成，第二次装的方法和第一次的一样。

工量具

序号	名称	单位	数量
1			
2			
3			

需备零部件

序号	名称/型号	单位	数量
1	USB	条	1
2			
3			

编制（日期）	校对（日期）	审核（日期）	批准（日期）

共 28 页　第 23 页

文件编号	项目名称	整机装调技能训练	产品名称	60 W CO_2 激光切割机	分发部门	数量
024	工作任务	软件安装	产品型号	GJD-CO2-60		

安装图：

作业过程：

1. 查看计算机分配的COM口

进入控制面板，双击"系统"进入系统属性，在硬件选项单击设备管理器即可查看

2. 更改计算机分配的COM号

端口（COM和LPT）目录下的 USB Serial Port(COM4)，显示的为计算机当前分配的端口号COM4，更改端口号步骤如下：

(1) 双击 USB Serial Port(COM4)，跳出 "USB Serial Port(COM4)" 属性对话框，单击 "Port Settings"

(2) 单击 "Advanced…"，跳出 "Advanced Settings for COM4" 对话框，在 "COM Port Number" 选项框里选中所要设定的端口

(3) 单击 "OK" 按钮，跳出 "Communications Port Properties" 对话框，单击 "是（Y）" 按钮完成设置

需备零部件

序号	名称/型号	单位	数量
1			
2			
3			
4			

工、量具

序号	名称	单位	数量
1			
2			
3			
4			

编制（日期）	校对（日期）	审核（日期）	批准（日期）
		第 24 页	共 28 页

文件编号	项目名称	整机装调技能训练	产品名称	60 W CO₂ 激光切割机	分发部门
025	工作任务	参数调试	产品型号	GJD-CO2-60	

参数调试图:

作业过程:

处于自由状态,参见常见故障判断和排除)

1. 开机,打开总电源开关
2. 打开扫描开关,此时 X,Y 轴均会被锁紧,可用手轻推 X,Y 轴检查是否锁紧(若 X,Y 轴仍
3. 查看冷水机是否正常工作,确保激光管中的水流通畅
4. 打开激光电源开关,按下测试按键检查激光是否输出正常(将功率调节旋钮旋到合适位置,一般使电流表显示 6~10 mA);检查光路是否因运输运转而电机正常运转
5. 步进电机驱动调试

调节驱动器上的电流调节和细分调节,电机不转则是细分调节太小,转动位置不准则是细分错误或电流偏小。这时需要逐个参数逐一参数直到电机正常运转(若发生偏移参见激光管是否因运输运转而发生偏移)

6. 软件调试

打开工控机里面的切割软件,画一个 500×500 的正方形,单击"设备管理",出现厂家设置界面(见左图)

工,量具

序号	名称	单位	数量
1	游标卡尺	个	1
2	螺丝刀	套	1
3	切割机	台	1

需备零部件

序号	名称/型号	单位	数量
1	有机玻璃板	片	1

编制(日期)	校对(日期)	审核(日期)	批准(日期)	第 25 页
				共 28 页

文件编号	项目名称		产品名称	60 W CO₂ 激光切割机	分发部门
026	工作任务	整机装调技能训练	产品型号	GJD-CO2-60	
		参数调试			

作业过程：

7. 单击"读取"按钮，读取存储在设备中的参数值，并把设备的参数显示出来供用户参考。用户要修改参数，必须先读取读取设备中的参数或打开已保存好的参数文件，在此基础上进行参数的修改，一般不需要修改参数页面 1 的参数。

8. 设置参数页面 2 的参数

先调节 X 轴的参数。当电机的行走方向与键盘的方向控制键不一致时，可以通过改变方向极性使复位极限性复位正常。当电机不能复位或改变复位极限性改一下，如要把极性改一下。采用同样的参数来调节 Y 轴。

9. 让激光在有机玻璃板上切一个 500×500 的正方形，用游标卡尺测量正方形的实际尺寸，打开端口，读取运动分辨率旁 >> 按键，软件将跳出一个对话框

参数调试图：

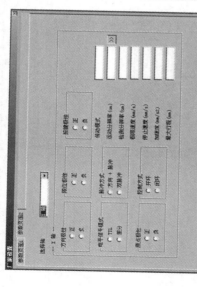

工、量具

序号	名称	单位	数量
1	棉签	个	若干
2	无水乙醇	瓶	1
3	洗耳球	个	1
4			

需备零部件

序号	名称、型号	单位	数量
1	调光光靶	个	若干
2	全反镜	片	2
3			
4			

编制（日期）	校对（日期）	审核（日期）	批准（日期）	共 28 页 第 26 页

文件编号	项目名称	工作任务	产品名称	60 W CO₂ 激光切割机	分发部门
027	整机装调技能训练	参数调试	产品型号	GJD-CO2-60	

作业过程:

10. 把用户画图的尺寸输入到期望长度,把雕刻材料上量取的长度输入到实际长度,按"确定"按钮,这时显示的分辨率为正确的分辨率

11. 设置最大加速度和最大限速度,极限速度,停止速度设备的极限速度和最大加速度要进行匹配,才会使设备工作在最佳状态(即设备的工作速度和雕刻出来的效果两者得到很好地统一)。一般来说,用户可以根据自己对雕刻速度和雕刻精度的要求,进行合理的设置

12. 最大行程设置:根据切割机的实际配置,如1200×800幅面的切割机,X轴的最大行程设置为1200,Y轴的最大行程设置为800

13. 设置好以上参数后,单击 ⬛⬛⬛T⬛⬛📷⬛圆 中的"保存"按钮,把文件保存到计算机上。下次使用时可直接打开该文件

14. 在X,Y的正负方向分别查看超出幅面后限位开关是否正常工作

参数调试图:

実际长度 [0]
期望长度 [0]
确定

工,量具

序号	名称	单位	数量
1	棉签	个	若干
2	无水乙醇	瓶	1
3	洗耳球	个	1

需备零部件

序号	名称/型号	单位	数量
1	反射镜	个	1
2	聚焦镜	个	1

编制(日期)	校对(日期)	审核(日期)	批准(日期)	共28页 第27页

文件编号	项目名称	工作任务	产品名称	分发部门
028	整机装调技能训练	加工参数调试	60 W CO₂ 激光切机	
			产品型号	
			GJD-CO2-60	

参数调试图：

作业过程：

1. 单击"激光雕刻"按钮。这里通过不同颜色层来进行雕刻参数设置，如果有外面导入的位图，则有单独的位图设置。你可以选中某种颜色，双击或单击"参数设置"按钮对这种图形进行设置（详见参考软件说明书），直至达到最佳的切割雕刻效果

2. 调节焦点

不断地调整焦距，使雕刻线最细、最深，使得打在物体上表面的孔最小时，用直尺记下焦距值，下次调焦点时可以直接用直尺量出焦点位置

3. 熟练掌握切割机的开关机操作、识别机器运行时的各种状态、完成老师布置的切割雕刻样品制作

4. 对已装好的切割机进行拷机测试

工、量具

序号	名称	单位	数量
1	棉签	个	若干
2	无水乙醇	瓶	1
3	洗耳球	个	1
4			

需备零部件

序号	名称/型号	单位	数量
1	反射镜	个	1
2	聚焦镜	个	1
3			
4			

编制（日期）	校对（日期）	审核（日期）	批准（日期）	第 28 页
				共 28 页

参 考 文 献

[1] 张冬云.激光先进制造基础实验[M].北京:北京工业大学出版社,2014.

[2] 王宗杰.熔焊方法及设备[M].2版.北京:机械工业出版社,2006.

[3] 金冈夏.图解激光加工实用技术[M].北京:冶金工业出版社,2013.

[4] 史玉升.激光制造技术[M].北京:机械工作出版社,2011.

[5] 郭天太,陈爱军,沈小燕,等.光电检测技术[M].武汉:华中科技大学出版社,2012.

[6] 刘波,徐永红.激光加工设备理实一体化教程[M].武汉:华中科技大学出版社,2016.

[7] 徐永红,王秀军.激光加工实训技能指导理实一体化教程[M].武汉:华中科技大学出版社,2014.

[8] 何勇王生泽.光电传感器及其应用[M].北京:化学工业出版社,2004.

[9] 李旭.光电检测技术[M].北京:科学出版社,2005.

[10] 若木守明.光学材料手册[M].周海宪,程云芳,译.北京:化学工业出版社,2010.

[11] 深圳市联赢激光股份有限公司.UW联赢激光产品使用说明书.2016.

[12] 深圳市联赢激光股份有限公司.UW-WI-04025A175A整机作业指导书.2016.